有事常如无事时

霍明琨品读《菜根谭》

霍明琨 著

中国工人出版社

目 录

序 言

《菜根谭》，一部职场奇书

一部“穿越”而来的经典

今天我们研究人生智慧，依然需要用到很多我们祖先的经验。而在祖先的经验瑰宝当中，《菜根谭》无疑是非常有研究价值的一个。

之前，有人并不熟悉《菜根谭》，甚至不了解《菜根谭》到底是什么。在我看来，《菜根谭》是一部奇书。当然，所谓的奇书并不是指奇门遁甲、推背图或讲风水。

在这里，我们就需要来认识一下《菜根谭》，也需要仔细地挖一挖《菜根谭》当中到底谈了一些什么，以及《菜根谭》的根源在何处，它的内容和现代人的生活，和今天的职场到底有什么样的关系。

而既然讲到了古书和今天的关系，我想用一个时髦的词语——穿越。在我看来，《菜根谭》是一部“穿越”而来的经典。

在穿越剧当中，人可以穿越时空之线，回到若干年前体验不同的生活。我们所讲的经典的穿越，就是它可以穿越时空的烟尘，从而在不同年龄、不同时代、不同种族和不同地域的人的心目当中激荡起共鸣和回响，这才是穿越的意义。

举一个例子，《论语》当中的经典语录几年前再度兴起。很多人都喜欢看它，喜欢研究它，喜欢琢磨和体味它。几千年前先贤圣哲的话语，和今天实实在在的生活，和现代人的所思所想所为，到底有什么样的关系？有人称《论语》为经典，因为它具有这样的穿越功夫——与现代人的生活和思想结合到一起。

有人问："《论语》是孔子的弟子收集他的言论整理而成的，那《菜根谭》和孔子也有关系吗？"

《菜根谭》和孔子没关系，《菜根谭》是明朝晚期的一个老儒生洪应明写的。洪应明是和孔子一样的名人吗？不，洪应明就是个普通的人。

其实，孔子当年也不是名人，在那个时代，他活得很疲惫。年轻的时候，家里很穷，父母早早地就过世了。他什么活都干过，看守仓库、给乡村乐队当吹鼓手。后来当了官，也是好景不长，还要到处避难。

洪应明是晚明的一个老儒生，有人说："老儒生不就是老书生吗，老书生不就是书呆子吗，书呆子能写明白

△ 明朝时的儒生

什么呢？更何况是指导我们现在的职场人生。”

有一点是值得注意的，据说《菜根谭》在今天所产生的影响，是自宋朝以来的所有的语录体当中最大的，是人们耳熟能详，且分外喜爱的。

可能有人会说：“你说耳熟能详、分外喜爱，我怎么不知道呢？”有很多时候，如此具有穿越魅力的事物，竟然是墙里开花墙外香。提到了穿越，我们就来解释一下它的魅力。有的人看起来非常普通，但在举手投足之间会让人不知不觉地追随，心被他所牵，这样的才叫作魅力。

很多经典在最初的时候，都是普通的草根写的，但书中的语言却能够穿透人心，回荡在我们的耳边，就好像是自己心有所想，而没有说透的话一样。

《菜根谭》就是貌似平常却语出惊人的一部书。菜，什么菜？大白菜，老百姓的当家菜，平平凡凡；根，白菜的根，更是普普通通；谭，什么意思呢？谭说白了既有一种深入挖掘之意，又有语录体的含义。所以《菜根谭》，是一部很普通平常的书，却是记录生活体悟的一本智慧之书。但智慧得来的不一般，它才能具备这么大的魅力。

不一般的《菜根谭》

《菜根谭》的智慧怎么得来的“不一般”呢？《菜根谭》写在晚明的万历年间，万历帝是有名的昏君，好几十年不上朝，到最后不务正业还得病了，每次上朝都让人架着。

万历年间，是整个晚明社会最混乱的时期，经济仍然在发展，但是危机四伏。当时明代社会呈现出这样的状态：有一些像西门庆一样的人，花钱买了个官，然后横行乡里，欺男霸女；社会底层也有很多像武大郎和郓哥这样的人，劳苦奔波，但还是吃了上顿没有下顿，活得非常艰苦。

在境内有四个字可以形容——好货好色，整天追求金钱美女。在境外呢？努尔哈赤的铁骑窥伺着中原。表面上看起来繁荣热闹，但又危机四伏。

这时候的人，面对着各种各样的抉择，是应该坚持，还是应该退却？是应该执着梦想，还是应该随波逐流？是应该去追求物欲，还是应该淡泊平静？因此，生活在这样社会中的洪应明，把种种的思索、矛盾、焦虑和迷惘都写了下来。

他为什么能写出字字珠玑而又耐人寻味的话呢？因为洪应明不是一个书呆子，他曾经非常期望在职场上混出个人样。他特别想念书，通过科举考试，获得官职、博取功名。可是，人生往往都是不如意的，很多时候，也许你尽力争取了，也许你努力拼搏了，但是命运总是会和你开一个大大的玩笑，让你无果而终。

洪应明就是这样的，他有很大的志向，但到老了仍然是一介平民百姓，什么官职都没有。在他的整个人生当中，追求过功名利禄，内心有过激烈的斗争，也思索过、奋斗过，但到最后，却历尽了风波挫折，只能将通过饱读诗书且融合了儒道释的精华智慧以及自己的人生体悟记录下来。

那么《菜根谭》当中的语言有什么特点呢？它写于四百年前的晚明，但基本上都是口语。所以好多人是可以不用借助工具书就可以看明白的。而且好多话即使在四百年后读起来，也是“于我心有戚戚焉”的。

◁ 大明万历皇帝朱翊钧

举个例子，比如有人说：“你说他写的话跟我有关系，我是经商做买卖的，会和我有什么关系呢？”《菜根谭》里面有这样的一段话：“面前的田地要放得宽，使人无不平之叹；身后的惠泽要留得久，使人有不匮之思。”

对于生意人来说，《菜根谭》并不是一本专业书籍。今天门店能卖多少货，明天能够赚取几成的利润，和这些都没关系。《菜根谭》想要表述的是：做买卖不能只看眼前，只想把眼前的生意做大；也要做得宽厚，这样才能财源广进。不只做眼前的生意，而是功在当代，利在千秋，这才叫真正的大买卖。

有人说：“我是从政的，我们单位马上就要投票选举了，要群众基础好的。这书跟我这事有什么关系吗？”《菜根谭》里面有这样的一段话：“路径窄处留一步，与人行；滋味浓时减三分，让人尝。”它在告诉我们，不是说今天晚上打个电话或者是挨家挨户去敲门，去送点儿礼去，明天就能有高的票数了。

在人的一生当中，当路径窄的时候你有没有给别人留出道路？手头上阔绰的时候，有没有给别人留机会？有没有因为太过于争强好胜，而不给别人任何一点儿表现的机会？如果做到了这些的话，那自然可以非常安然地睡觉，明天选举的票数自然就不会少。所以对于很多人，无论做什么，都会在《菜根谭》当中找到与自己暗合，或对自己有启示的话。这就是不一般的《菜根谭》。

《菜根谭》究竟有多好

《菜根谭》有如此大的独特魅力，可以视作是传家宝，但是有好多人没有充分地认识到这一点。

《菜根谭》的“菜”就是中国的土地上最普通的大白菜，是生长于传统文化的土壤中的。说到中国传统文化，它的精华是儒道释的智慧。简而言之，儒家积极进取、建功立业，立足于现实生活、不离不弃的精神，这是儒家的智慧；道家的乐天知命、效法自然和进退自如，能够安放身心，这是道家的智慧；佛家的宽容忍让于天地，然后体味到天地万物共同的呼吸生长、感恩自然，这是佛家的智慧。

其实，我们的血脉当中，我们的举手投足之间，都浸染着传统文化的儒道释智慧。所谓的文化，就是流淌在每个人血脉当中的东西。

有句话说："达则兼济天下，穷则独善其身。"

《菜根谭》的智慧就是如此：既要入世争取、拼搏奋斗，又要出世、从容、超脱、达观，这叫进退自如、潇洒从容。

这就是《菜根谭》教给我们的一种生活的状态。大到你可以建功立业、可以利国利民，小到你可以修身养性，让家庭和谐幸福。遗憾的是，这么好的宝贝，并没有多少人把它当作真正的宝贝。

可以说《菜根谭》的命运是"墙外开花"。这种命运不只发生在《菜根谭》身上，很多的传统文化、传统经典，往往是因为我们自己不够重视，才没有完全被挖掘，或者没有和现实或现代生活有更多的结合。

享誉世界的《菜根谭》

前几天曾经看到过一本书，是北京大学出版社出的，叫《从中国古籍当中获取不可思议的力量》，作者竟然是一个叫北尾吉孝的日本人。

这个北尾吉孝是谁呢？

有人说是不是一个专门研究中国古典文化的汉学家？其实他并不是一个专门研究汉学的学者，而是一个商界奇才。他是日本软银集团的第二号人物，被称为日本金融界的一匹白马或者类似诸葛亮的男人，是不折不扣的金融界精英。

在这本书当中，他的核心思想是在表达日本之所以能够迅速地从“二战”中崛起，之所以能够迅速地成为亚洲的强国，根本原因就在于有很多人从中国传统文化当中学到了很多智慧，汲取了很多的营养。他在书中提了忠告：“所有的日本人，不管是做什么，你要想有所成就，就必须去努力地学习中国的传统文化。”

我们现在分析下，为什么他告诉所有的日本人要学中国的传统文化。日本作为中国的近邻，从中国传统文化当中得到太多的智慧。比如说20世纪80年代，日本当时的首富西武集团的总裁——堤义明——一个经济界的大亨，但他居然是一个研读《荀子》的专家。

他说：“我一辈子就精研一本书——《荀子》。”而且他严格地按照中

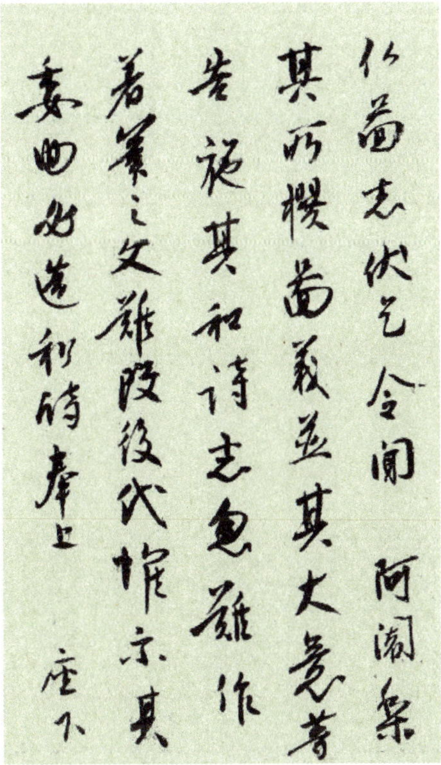

仰慕汉文化的日本书法作品▷

国传统文化的规矩经营管理企业。比如说他要重用员工的时候，一定要把员工和他的妻子、儿女、父母都叫到跟前，然后看这个人的家庭氛围如何，看这个人的教养如何。在选择员工的时候，不一定非用博士生，本科生也可以，最主要看这个人做人的立场和办事的能力。

而《菜根谭》核心解决的是人的问题。它帮助一个人修身养性、提高为人处世的能力以及内心驾驭外在事务的力量，从而使人的内心臻于成熟和稳定，达成周围人际关系的和谐圆融，营造良好的人际关系。应用于当代的职场，或者应用于当代的企业管理，有助于营造一种非常和谐向上的企业文化。所以很多企业把《菜根谭》作为一个制胜的奇书，作为企业理念。

稻盛和夫是日本唯一的一个创造两家世界五百强企业的大咖级人物，他就说："我是严格按照《菜根谭》等这样的中国的古籍指点，来进行自我修养和企业的管理的。"

可见，《菜根谭》的确是一部奇书。

上篇

无事常如有事时

第一章 菜鸟与老鸟（上）

《菜根谭》给菜鸟带来了什么

了解到《菜根谭》的来历和影响，下面就让我们开始讲一些跟职场有关的东西，也就是《菜根谭》真正有实用性的内容。

最近几年，我们经常会提起一个词语——菜鸟。“菜鸟”这个词汇出现在生活的各个领域，比如在游戏当中，一开始玩游戏的人什么都不会，只能跌跌撞撞地跟着学习，经常受到高手的嘲笑，这样的人我们称为“菜鸟”。

那么职场中的菜鸟是什么意思呢？一个刚刚从学校走出的人，加入一个新的工作团队当中，什么都不懂，对于这个集体、这份工作、自己的人生规划等都没有任何的概念，这就是职场中的菜鸟。

菜鸟是需要做功课的，说白了，就是让自己更快地熟悉环境。因为，一个纯粹的菜鸟在做事情的时候会耗费很多的时间，还未必能把事情做成，不知道怎么样和团队进行合作，会受同事的排挤，受老板的批评……

最终的结果是，你花费了大量时间做事，但是却屡屡遭遇挫折，自信心和工作热情都会受到极大的打击，这些都会阻碍你前进的脚步。因此，作为一个菜鸟就要做好充足的功课。

菜鸟要做哪些功课才能迅速地成长起来呢？

第一，切忌不懂装懂。菜鸟，是一个没有什么社会经验和职场经验的人，对于这样的人，《菜根谭》有这样的一句话：“涉世浅，点染亦浅；历事深，机械亦深。故君子与其练达，不若朴鲁；与其曲谨，不若疏狂。”意思是涉世很浅的一个人，本身就没有什么经验和城府，做事情不会拐弯抹角。当你刚刚踏上世事这条河的时候，有一点要特别注意，千万不要假装有经验、有城府。怕别人看破我，知道我是个新手，什么也不懂，然后故意地装成很圆滑或者是很老到的样子，反而会适得其反。

我在一个求职节目中看到过一个片段，一个金融类专业的女大学生去求职，她应聘的是财经节目主持人。这个女大学生在现场表现得特别出色，侃侃而谈，不管是一些随机性的问题，还是其他一些基础性的问

△ 古人用兰花象征君子

题，她都能够手到擒来。

但在一个环节上，一个职场精英向她提问说："你能回答什么叫'流动性过剩'吗？"女大学生故作镇定地说："流动性过剩，可能是人民币出了点儿问题，或者是利率出了点儿问题。"

当女大学生回答完之后，在场的行业达人和职场精英流露出了复杂的表情，有的甚至暗暗摇头，一个职场精英毫无遮掩地说："我想问你一个问题，你上课的时候听讲吗？"

女大学生愣住了。这位精英接着说："你回答得根本就不贴切，所谓的'流动性过剩'，是指在这个经济的体系当中，有过多的货币投放量，货币投放量过多就需要寻找投资出口，如果调节不当就可能会出现通胀的危险。"

她回答说："这个问题一听就知道是跟金融财经有关的问题，我不说会显得我不够专业，我就想着蒙一下，结果就露馅了。"

另外一个行业达人说："其实对这个问题的回答很简单，你完全可以说'对不起，我不知道'，是吧？因为不知道一点儿也不丢人，你不可能所有的问题都知道，或者是说当时你在学习的过程中有所遗漏。可你偏偏是努力地想要去填补这个漏洞，反而会让这个漏洞越来越大。"

孔老夫子有一句话叫"知之为知之，不知为不知，是知也"。很多职场的菜鸟有时候会忘记了这句话的重要作用。当你不知道的时候，一定要坦诚地承认，或是谦虚地向别人去请教。工作中也是如此，当你有不明白的地方，又很想参与到工作当中去，没有必要马上表现出十分熟练的样子。这就是《菜根谭》给职场菜鸟的第一个建议。

新到工作岗位上，保持朴鲁就好。"朴"就是朴素诚恳，"鲁"就是愚笨。也就是说刚刚到一个工作岗位上，需要朴素一点儿，哪怕因此让人觉得愚笨一点儿也没有关系。这是《菜根谭》对于职场菜鸟的第二个建议。

有这样一个故事：从前有一个国王，他的膝下没有子嗣，他特别希望找一个非常诚实、能用心对待国家和国民的继承人。于是他就在国内找到了一些非常符合条件的孩子，然后对他们说：“我现在发给你们一些种子，你们谁种出来的花最漂亮，我就把王位传给谁。”孩子们领了种子后都纷纷回去，将种子埋在花盆里面，又是浇水又是晒太阳，做了很多的事情。

其中有一个孩子，也是每天非常认真地、尽心尽力地去照顾花种，但结果却令他非常伤心，这个花盆里总是没有动静。

过了一段时间，国王将这些孩子召集到一起，对他们说：“孩子们，我发给你们的种子，都开花了吗？现在拿给我看看吧。”这些孩子把花都

△ 中国人注重朴实、厚重，这一点在家具中体现得淋漓尽致

拿了过去，每个人盆里的花都开得争奇斗艳，只有这个孩子，他的花盆里空荡荡的，他看到其他人都捧着漂亮的花，就哭了起来。

但是最后国王将王位传给了他，因为这个孩子是最诚实的。

其实，国王发给大家的种子都是蒸熟了的，是不可能长出花草来的。别的孩子看到花盆里没有动静，就想了一些其他的方法，他们将土和种子换掉，找来一些奇花异草的种子，最后长出了鲜艳的花朵。但这个孩子并没有这样做，他没有隐瞒结果，非常诚实，最终赢得了王位。

这个故事提醒职场中的菜鸟，没有必要去故意地掩饰自己。在职场中，如果你看到同事间的关系很好，你很想了解其中的人际关系，或者你特别想参与到工作流程当中，这种心情是可以理解的，但是绝对不能着急，要保持你的本性和本色，慢慢地来，一步一个脚印地达到目的。

成功要从小事做起

有一个企业的人力资源总监曾经评价过刚刚入职的新一代大学生，他说："有理想没方向，有学历没学问，有文凭没文化，有个性没主见，成年人未成人。"

在学校里头，我们习惯了自己是少年英才，习惯了指点江山激扬文字，书生意气挥斥方遒。但到了社会上总感觉自己是一腔热血没有用武之地，觉得上司不明白自己。结果就是大事干不成，小事干不了。这是一个普遍的现象，也是一个最典型的现象。

对于每一个刚入职的年轻人来说，小事特别重要。自古以来，从一件小事情上面，就能看出一个人的人生是否能取得成功。

东汉时期，有一个名士叫陈蕃，从小立志澄清天下。十五六岁时，自己别居一室。有一次父亲的一个朋友去看他，一进屋，看见屋里乱得不得了，连下脚的地方都没有，就对他说：“你怎么不收拾收拾屋子啊，屋里这么乱，你怎么能住呢？”

陈蕃却毫不在乎地说：“大丈夫志在天下，怎么可能去打扫屋子呢？”父亲的朋友马上说：“一屋不扫何以扫天下？”

对于初入职场的年轻人来说，也要记住这句话，不要瞧不起任何一件小事，因为那很有可能是上司在拿这件小事考验你。

我有一个朋友，是个刚刚步入工作岗位的大学生，他就遇到了这种情况。他总是抱怨说：“上司真是有眼无珠，净拿我这高级垒球棒当烧火棍使，一会儿让我去送个文件，一会儿让我去打印个东西，你说我这名牌大学、名牌专业的毕业生，怎么能干这种事呢？”

我想对菜鸟朋友说的是，刚入职场时，上司让你去干一些可能你觉得技术含量非常低的小事，你会觉得屈才，但上司可能是在有意识地利用小事观察你，通过小事来考验你的耐力和办事态度。

当你把小事办得很好的时候，就会让他逐渐地对你产生一种信任，认为你也能做好其他的事情，才能放心地让你做其他的事情。相反，如果你连一件小事情都办不好的话，上司就会觉得你只是一个废材罢了。

在《菜根谭》中，针对这种情况是这样说的：“小处不渗漏，暗处不欺隐，末路不怠荒，才是真正英雄。”

这话很容易理解，“小处不渗漏”，就是说在对待这些看起来不起眼的小事时，也不要马马虎虎，或者毫不在意地就让它过去，这样会产生很多漏洞；“暗处不欺隐”，就是说需要你自己去单独完成的工作，没有人监视你，没人看到你，也不要觉得没有人管了，随随便便地将就，采取欺骗糊弄的手段；“末路不怠荒”，就是假如你遇到了不如意的，甚至没有转机的事情，也不要放手。只有克服了这些困难，才能成为职场上的真英雄。

我曾经看过一个关于职场的案例，两个出身相同的人却有着截然不同的经历。

一个是名牌大学的中文系毕业生，毕业后被分配到一个杂志社。这个杂志社很有名，他抱着一腔热血准备大干一番，但现实却向他泼了一盆冷水。

他刚到杂志社的时候，上司分配他做的第一件事情竟然是校对稿子，他的心瞬间就凉了半截。他心想："这不是大材小用吗？我熟读古今中外名著，知晓很多道理，写过很有名的稿子，在学校里我可是风云人物，怎么到了这里就只能校对稿子呢，也太不重视我了吧。"

带着情绪的他，在校对稿子的时候总是心不在焉，出现了很多问题，这令上司非常不满意，生气地对他说："你连校对稿子这件小事都做不好，你还能做什么呢？"

最终的结果是，这个大学毕业生越来越不受重视，虽然他有满腹的才华，但是却没有发挥的地方，这就是没有将小事情做好而带来的后果。

与之形成鲜明对比的是另外一个大学毕业生。同样是名牌大学毕业，而且还是研究生，毕业的时候被分配到一个政策理论研究部门工作，工作时研究室要出一个刊物，上司最开始的时候分配他去做排版、校对这些简单的小事情。这个硕士研究生并没有出现抵触的情绪，他认为即使是排版和校对，也需要相当的认真耐心和技术。因此他对这些工作非常重视，有的时候不惜加班加点，结果将这些任务完成得非常出色，上司也特别满意。他渐渐地受到了上司的重视，在三五年的时间之内就成为这个单位的业务骨干。

菜鸟朋友们，一定不要轻视身边的小事。因为小事就是细节，这些细节可能就会决定将来职场人生的成败。

没人愿意看你的苦瓜脸

苦瓜脸是什么意思呢？通俗说就是每天都愁眉苦脸的，很难看到笑容。虽然是表情问题，但是却反映出内心对现实的不满。

有的职场新人干起事来没头脑，还动不动就生气，经常不高兴，他们总是会抱怨说："我们这个破单位，我们这个破领导，我们这个破办公室，我们这个破同事，我怎么总是生不逢时、怀才不遇呢？我这颗埋在地里的金子，什么时候才能发光呢？"这就是一个典型的表现。

我们应该如何摆脱掉苦瓜脸呢？有人说境遇变好自然心态就好了。

但我认为，境遇绝对不是在工作开始短短的几年时间内所能够决定的。现在的大学毕业生，假设二十二岁毕业的话，你就试着从二十二岁开始，给职业画一个节点，比如说干到了三十岁会怎么样，到了四十岁会怎么样。

但现实不是这样的。现实是从二十二岁开始，人生是无限延长的一条直线，而不是一个个线段。不存在你二十几岁没做好，到了三十岁就自然有成绩了。你在职场人生上的表现以及你的成败，跟你之前的行为是密切相关的。

所以，总是有些人感觉现实和自己的期许有一段距离。其实，这种情况不是一开始就有的，而是在工作中渐渐产生的。对工作不积极，有了难处就抱怨，看不出当下的解决方法，只好寄希望于未来的某个节点。但是，未来是由现在决定的，而现在，又有多少人已经习惯了这样苦瓜脸式的抱怨呢？相信读者当中就有。那么，这种苦瓜脸是如何形成的呢？

其实，形成这个问题的根本原因仍然在我们的教育。

我一个朋友的孩子，刚刚上小学，每天放学回到家，总是将书包一放，满脸不高兴地坐在沙发上，不知道是在学校受了多大的委屈，还是挨了老师批评。父母看到孩子不高兴，就赶紧过去安慰孩子，又是哄，又是拿好吃的。

好不容易哄高兴了，过了一会儿，孩子又开始抱怨了："饭怎么还没有做好啊，我都快饿死了！"

看到这种情况，朋友又赶紧哄着说："好了，小祖宗，饭马上就好了。"

当朋友端着饭菜出来，笑着对孩子说："小祖宗，吃饭吧。"孩子看到饭菜不是自己喜欢的，马上又不高兴了，开始闹情绪，哭闹着说："你不是说做红烧排骨吗？这个也不是啊，我不吃！"看着哭闹的孩子，朋友无奈地摇了摇头。

家长们应该明白，这种娇惯并不是真的对孩子好，而是在害孩子。如果他从现在开始就非常习惯于周围人对他的付出，习惯于周围人对他无止境地包容，而他自己可以以任何态度对待周围人的话，那么他的人

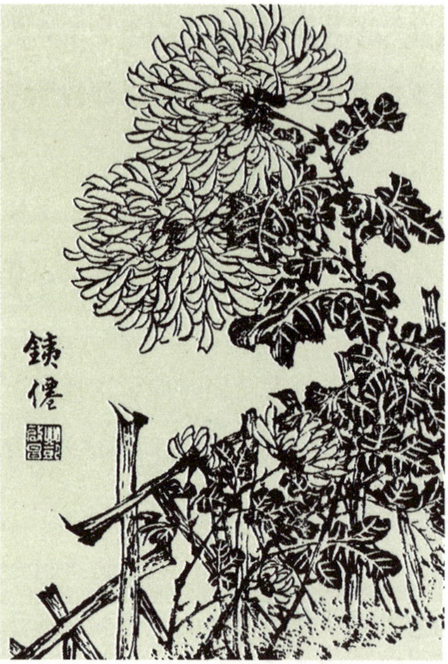

◁ 霁日光风，草木欣欣

生之路将会走得十分艰难。

除了父母之外，没有任何一个人可以无理由无条件地对你好，没有人能够承受你的不和善，也没有人愿意看你的苦瓜脸，更没有人非要承受你的抱怨。如果家长不加以纠正，就会让孩子养成不良的习惯，以后在工作中也不会很顺利。

《菜根谭》中有这样一句话:“疾风怒雨，禽鸟戚戚；霁日光风，草木欣欣。可见天地不可一日无和气，人心不可一日无喜神。”

中国的传统文化向来讲究天人合一。“天”指的是自然中的大天地，大天地当中有它的道，人道要合于天道。当在天地之间，突然间狂风暴雨、雷鸣电闪的时候，花草树木会颤抖，小鸟小兽就吓得惊慌奔跑；但是风和日丽、春光日暖的时候，鲜花也盛开了，小草也微笑了。这就是天地万物之间的照应。

如同人的心情一样，心情高兴的时候，在《菜根谭》当中叫作“喜神”。所谓的喜神就是每天要对生活充满感恩的心，保持愉悦的心态。比如面对同样的半杯水，有人就愁眉苦脸认为只剩半杯了，而有人就高兴地说还有半杯水。有时候，有一个好心情就是这么容易，这样不可或缺，这就是所谓“天地不可一日无和气”。

人心当中有喜神，就会时刻对世界充满感恩，始终保持着积极向上的乐观心态，而这种心态将会反映在你的脸上，这样每天你就能给别人一个阳光灿烂的笑脸。当你整天哭丧着脸，动不动就要生气、抱怨，谁愿意去跟你打交道呢?

在心理学上有一个词叫“首因效应”。就是人的第一印象特别地重要，因为第一印象会持续很久，造成的影响也会持续好长时间。

卡耐基在他的自传当中就曾经写到一个故事：有个少年亨利，15 岁时还没有任何出路，就跟亲戚借了钱在报纸上登了一个广告，内容是勤奋肯干的少年求职。过了两天，有家公司打算录用他。

刚开始到公司，亨利因为年轻且没有高学历和工作经验，就只能做一名杂事员，端茶倒水，传递文件，或者是帮助那些有需要的同事。虽然都是很简单的工作，小亨利并没有掉以轻心，而是不管老板交给他什么样的任务，同事让他帮什么忙，亨利的脸上总是挂着笑容，没有任何的抱怨。他每天都是忙忙碌碌、快快乐乐地工作，跟老板和同事相处得特别好。

过了没多久，亨利就受到了老板的重视，认为他是一个可用之才。等到20岁的时候，亨利得到了老板的厚爱和另眼看待，拿钱资助他开了一家钢铁厂。十年之后亨利就成了一个千万富翁。

其实亨利成功的秘诀非常简单，那就是他对待人和事的态度，不抱怨且非常积极乐观。心中有喜神，脸上有笑容，请用这样的态度来对待周围的人。

有这样一句话：“每一个职场新人，都要永远拥有两样东西，一个能装满垃圾的大口袋和一张永远微笑的脸。”记住这两句话并且努力去做到，你的职场之门才会慢慢地打开，你的职业之路才能走得更加顺畅。

第二章 菜鸟与老鸟（下）

《菜根谭》给职场老鸟的启示

关于职场老鸟的特质，我们可以用两个词来形容，那就是游刃有余和心有城府。

人在职场上混的年头多了，自然都吃过亏、上过当，经过一段时间的摸爬滚打，终于开始谙熟职场的规则。于是，从一开始的不适应转变得如鱼得水，这样的人成了职场的资深人士，也就是我们所说的职场老鸟。

那么老鸟都有哪些经验呢？他们是怎样获得这些经验的呢？我们可以把获得职场经验的过程比作取经。

读过《西游记》的都知道，唐僧带着孙悟空、猪八戒和沙僧三个徒弟去取经。而在这里，我着重要讲的是孙悟空。

孙悟空很厉害，他会七十二变，一个筋斗飞十万八千里。然而，他

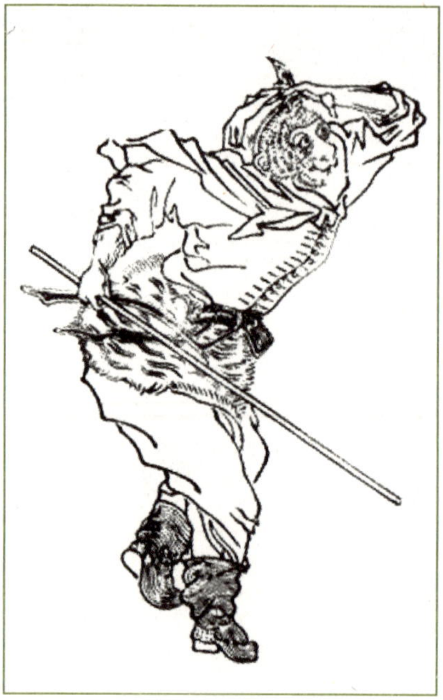

◁ 清末绣像孙悟空

的取经过程却并没有那么容易。在《西游记》中，作者对孙悟空是怎么设定的呢？

孙悟空最初是天不怕地不怕的，敢上天大闹天宫、敢下海搅乱龙宫。因为过于胆大妄为，被佛祖压在了五行山下。他被唐僧解救之后，跟着师傅一步一步去西天取经，战胜了那么多的妖怪，经历了九九八十一难，最后才走过来。

本来是一个跟头就能翻过去的，但是，佛祖却非要让孙悟空经历那么多的磨难，为什么呢？因为不经历磨难，便不能成为斗战胜佛。孙悟空的经历告诉我们，就算你有天大的本事，是超凡的天才，到工作中，也得要一步一步地来，如此才能够真正地有所成就。

所以《菜根谭》中就有这样的话："磨砺当如百炼之金，急就者非邃养，施为宜似千钧之弩，轻发者无宏功。"这意思就是，磨砺品行是一个艰难的过程，就像是经过千锤百炼才能炼就真金一样。

麦克唐纳公司是世界一家非常著名的企业，很多人梦想着成为麦克唐纳的员工。但是麦克唐纳有一个规定，就是每一个想进入公司的年轻人，都必须从最基本的职位做起。什么叫最基本的职位？就是必须要做打扫卫生、收发快递这样的工作。

有的人觉得：我一个名牌大学管理专业的高才生，到这儿来是要做一个管理者，为什么要做这些小事呢？但无论你怎样不满，如何抱怨，这都是没有用的，作为新入职的年轻人，就必须要从最基本的职位做起。

在基本的职位上实习四到六个月之后，如果能够胜任这些基本工作，才可以去做别的。比如说可以到小一点儿的部门具体负责一些事务，然后再经过长时间的考察，觉得这些也做得好了，就可以管理大一点儿的部门，再逐渐地升职为一个部门或者是一个地区的经理。

麦克唐纳公司要求年轻人必须要从基本职位干起，一切都慢慢来，但是上升渠道却很通畅，它也有一个非常吸引人的口号："董事长的位子等着你去争取。"也就是说，如果你做得足够好，公司是会给你好的回报的。但回报也是要有一个过程的，这个过程是不能过于着急的。

前段时间在网上看到一个段子："黄忠六十岁了才跟刘备走，德川家康七十岁打天下，姜子牙八十岁才出山，佘太君百岁挂帅，白蛇一千岁才下山谈恋爱。年轻人急什么呀？"

当然，这个段子还有下半句："比尔·盖茨三十九岁就成了世界首富，陈天桥三十一岁是中国首富，孙中山二十八岁创办兴中会，王然二十三岁当局长，丁俊晖十五岁拿世界冠军，贝多芬四岁就作曲，葫芦娃出生就打妖怪。你说我们急不急？"

这个段子很有意思，它反映了两种典型的职场心态：一种心态是职场老鸟不急不躁、不愠不火，耐得住磨、耐得住炼的心态；另一种心态就是职场菜鸟，他们心急火燎，特别急于求成、急于做事情。

然而有的时候，着急不一定就能将事情做成。所以《菜根谭》还有一句话叫：“伏久者飞必高，开先者谢独早。知此，可以免蹭蹬之忧，可以消躁急之念。”

有一个成语叫“一鸣惊人”，说的是楚庄王励精图治，不显山不露水，非常能够隐忍。大臣们看到国君这样之后非常着急，对庄王说：“陛下，你什么时候才能真正地有所作为呢？”楚庄王当时就说了一句话：“我听说有只大鸟，三年不飞，一飞冲天，三年不鸣，一鸣惊人。”

△ 不鸣则已，一鸣惊人

同样，《菜根谭》说：一个隐伏世间很久的鸟要想飞的话，它必定会一下子飞得很高，但一朵花如果开得特别早，它必然也谢得早。

所以，如果我们了解了这样的一种自然和人生规律的话，即使现在处于蹭蹬的状态也可以不用焦虑，工作没有起色也可以不用着急。一定要像我们所期待的那样，慢慢地成熟和成长，就好像等待着一只果子在慢慢地变熟，一朵花在慢慢地打开。如果一味着急，最终揠苗助长的话，会导致非常严重的后果，所以这是职场老鸟的第一条经验——取经要慢慢来。

聪明反被聪明误

我们都希望自己的孩子聪明，什么东西都先学，什么东西都得知道早，最好是少年天才、无师自通。那么，这样的聪明到底好不好呢？应该说聪明是一把双刃剑，有的时候聪明可以成就一个人，但有的时候聪明也可以毁掉一个人。

《三国演义》里有一个叫杨修的人，他是曹操的谋士，非常聪明，可谓才高八斗、言辞伶俐、思维敏捷，但最终也是这份聪明害死了他。

有一次，曹操修了一个花园，修建完毕之后，工匠问曹操是否满意，曹操拿支笔在门上写个“活”字。杨修见此之后说主公在暗示这门太阔，这是嫌门宽。

还有一次曹操的军队处在行军被困当中，进退两难，曹操传令随口说了一句“鸡肋”，杨修又说：“我知道主公的意思，肯定是要撤军，鸡肋食之无肉，弃之有味，不正是进退两难吗？”

杨修自以为很了解曹操，自以为很聪明，却不知道自己早早地成了曹操的眼中钉肉中刺，最终被曹操找了个借口杀掉了。

所以，像杨修这样的人，其实就是典型的小聪明，并没有大智慧。那么什么样是有大智慧的人呢？另一个曹操的谋士荀攸，他是大智慧的代表。

在官渡之战当中，荀攸避实就虚，声东击西化解了白马之围；在袁绍粮草被烧、实力大挫的时候，荀攸出主意乘胜追击，之后大获全胜；在追击吕布的时候，荀攸坚决不同意撤军，而是要全力进击，直到活捉吕布。

荀攸追随曹操的整个生涯当中，前后一共出谋划策十二次，每次都是决定曹操生死成败的大计，被称为曹操身边的“谋主”。这样一个足智多谋的人，曹操最终送了他四个字——愚不可及。

曹操说：“公达外愚内智，外怯内勇，外弱内强……虽颜子、宁武不能过也。”

这意思是说：荀攸这个人表面上看起来特别愚笨，但是实际上非常有智慧；表面上看起来非常地怯懦，但是实际上非常勇敢；表面上看起来非常地柔弱，但是实际上非常坚强……这样的人，即使是贤人颜回、宁武子也比不过他。

我们都知道颜回是孔子的弟子，宁武子又是谁呢？在《论语》当中，孔子评价宁武子是智可及、愚不可及。意思是你的聪明也许可以比得过宁武子，但是很少有人能够比得上他的大智若愚。

《菜根谭》当中有这样一句话：“君子之心事，天青日白，不可使人不知；君子之才华，玉韫珠藏，不可使人易知。”

意思是说：一个人在为人处世的时候，应该心胸坦荡，不要有过多的机关和城府，要像青天白日一样，没有什么是不可以拿到桌面上谈的；但是君子的才华要玉韫珠藏，不要轻易卖弄和显示。

一个人可能很聪明，可能比别人都厉害，但不要轻易地被人知道，这就是职场老鸟的经验。

对于很多职场菜鸟来说，他们却不懂得这一点，往往会着急地把自己的“聪明”表现出来，对工作有什么见解，或者稍微有一点儿工作的能力，便迫不及待地展现在所有人的面前。

但他们不知道，这时的他们并没有足够的实力和能力立足于职场，此时的表现反而会成为人们羡慕、嫉妒甚至是憎恨讨厌的目标，因而招来种种非议、刁难或是竞争。

所以，一个职场新人一定要注意这一点，避免给自己带来不必要的麻烦。

有这样一个职场故事：一个刚毕业的大学生，到新单位工作一段时间后，觉得这个单位有很多运行上的问题：规章制度的设立有问题，上下级之间的沟通有问题，同事之间合作的机制有问题。

他觉得单位的某些情况急需改变，在思考了很长时间之后，他给上司写了一封长长的建议书。将建议书递上去之后，这位大学生非常期待，希望上司能够注意到他的才华，以后能在公司中大展拳脚。但结果却是令他失望的，他的建议递上去很长时间了，上司仍然在用原来的方式工作，公司仍然用原来的方式运转，同事之间也还是原来的样子。

不仅如此，他反而被上司认为太过着急表现自己，在对公司还没有深入地了解时就急于发表自己的意见，因此他不但没有受到上司的重视，反而还受到了其他同事的排挤。久而久之，他的情绪就越来越低落，经常借酒消愁，在工作上犯了很多错误，最终被单位辞退。

每一个单位，即便是世界500强的企业，在运转的过程当中，都会在不知不觉中形成一些固有的问题。这些问题不是一天两天形成的，当然也不是一天两天能够解决的。它的存在自有它的道理，所以每个入职的年轻人不要自作聪明，认为这些只有你能看出来，老总也不是一个瞎子。你自认为很聪明，但在其他人眼里，你其实是最愚笨的。

《菜根谭》当中还有这样的一句话：“鹰立如睡，虎行似病，正是它攫人噬人手段处。故君子要聪明不露，才华不逞，才有肩鸿任钜的力量。”自然界当中，老鹰、老虎都是凶猛的禽兽，是动物之王，作为一个王者，它们平时是如何表现的呢？

老鹰在休息的时候就好像是睡着了一样，老虎平常走路的时候就好像是生病了一样，这只不过是它们的一种“隐藏”。

◁ 虎行似病

老鹰在树枝上看似闭目冥神休息，它会在突然之间双目一睁，以迅雷不及掩耳之势抓起一只野兔；老虎走路的时候看似一点力气也没有，能够突然之间以闪电一般的速度奔向猎物，瞬间咬破猎物的喉咙，这正是捕捉猎物的一种手段。

这真是值得年轻人去学习的地方。一个年轻人，即使你有很高的才华，也要学会隐藏，不能把自己太当回事，不要认为自己是世界上最聪明的，只有这样才能有肩鸿任钜，承担建功立业的重任。

职场老鸟不是混出来的

想要成为职场中的老鸟是要有经验的，然而，有些人却混淆了经验和时间的关系。我们这里所说的经验，绝不是混时间就能混出来的。

一个人在单位工作了二十年，这样算是职场老鸟了吗？只能说他资历老，但资历老不见得有地位，更不一定有足够的职场经验，不一定能够对职场中的各种问题沉着应对。

那么什么样的人才是真正意义上的职场老鸟呢？真正的老鸟，要在单位当中有着举足轻重的地位，具有影响全局的力量，要有处理突发事件的能力，要有洞悉整个职场的眼光。这样的人肯定不是一个混日子打发时间的平庸之辈，肯定是一个胸怀大志、充满正能量的人。

弄懂了这些之后，作为一名菜鸟，我们应该向他们学习哪些经验呢？在学习的时候应该注意些什么呢？

《菜根谭》有这样的一句话："春至时和，花尚铺一段好色，鸟且啭几句好音，士君子幸列头角，得遇温饱，不思立好言，行好事，虽是在世百年恰似未生一日。"

这句话前半句的意思是，春天是一个温暖的季节，风和日丽，百花齐放，蝴蝶飞舞，鸟儿歌唱，万事万物都充满了生机和活力。当一个人读了一点儿书，有了一份工作，解决了温饱问题，生活过得很舒服时，不应该就此停步，不应该沉醉在这迷人的景色当中，不应该在舒适当中迷失自我，还要继续往前走，要能"立好言、行好事"。如果不能做到这六个字的话，即使你活到了一百岁，也只是白活了一场。世界总是处于变化当中的，一个人只有胸襟宽广，有抱负、有理想、有志向，才能够适应不断变化的世界，才能够成就一番事业。

我们曾经举过日本经营之圣——稻盛和夫的例子。稻盛和夫曾经说过一个著名的公式：人生除以工作的结果，等于思维方式乘以能力乘以热情。

这句话是什么意思呢？能力指的是体能、智力和才华等个人因素；

△ 风和日丽，春光正好

热情指的是对待工作的态度：是否努力，是否进取，是否勤恳，是否有激情；思维方式指的是对待人生的态度。

如果人的能力和热情都能用数值 1 到 100 表示，思维方式从负 100 到正 100 表示，那么不管有多高的能力，也不管你对工作如何地积极热情，如果思维方式不对的话，所拥有的一切都是没用的，因为你所得的结果都是负数。

稻盛和夫自己就是这样的例子。他刚大学毕业的时候，正好赶上日本经济萧条，用人单位很少，找了很久都没有找到合适的工作，他为此非常地苦恼，经常感叹命运不公。

当穷困潦倒的他走在大街上的时候，曾经一度徘徊在黑社会暴力团伙的门口。稻盛心想：我不如加入到这里面算了，打打杀杀的还能赚点儿钱，拥有点儿社会地位。

然而，在经过了一番思想斗争之后，他最终还是放弃了这种想法，他觉得这是一个错误的、负向的思维方式。稻盛和夫回忆这段经历的时候说："如果我当时草草地加入暴力团伙的话，我可能会早早地发迹，成一个小头目，但是我绝对不会有后来的成就，也不会有一个幸福安然的人生。”

因此人生态度是一个非常重要的考量，如果你对待人生没有一个正向的态度，没有立好言、行好事，你的人生方向就会是错的。

稻盛和夫还说：“如果你确定了人生的理想和目标的话，你要坚决地去努力，而且要为了这个正向的目标一直努力，不达目的不罢休。”比如说你对某个事情有强烈的愿望，有实现目标的强烈渴求，这种渴求达到了什么程度呢？就好像拿一把刀子划破了血管，流出来的不是血，而都是实现目标和理想的强烈愿望。

实际上，每一个职场新人都应该如此，把你的期许、目标和愿望记在一个小本子上，带在身上经常地看一看，经常激励自己，给自己确立一个立好言、行好事的目标，让自己的职场人生一步一个脚印地走向成功，最终成就一个圆满的职场人生。

第三章 职场方圆（上）

中国式职场

提到“关系”这两个字，我们中国人总是特别敏感。我们的生活离不开各种各样的关系，而每一种关系又切切实实地关系着我们的人生。

在生活中，我们总是需要处理很多关系，就拿家庭关系来说，有父母间的关系、子女间的关系以及兄弟姐妹之间的关系。

在职场当中，我们同样需要处理很多的关系，例如同事之间的关系、领导之间的关系以及上下级之间的关系。

中国人一生当中，基本上都是在和无数的关系打交道。

但可别小看这些关系，中国人的关系是非常不得了的。处理好各种各样的关系，能够让你在社会上如鱼得水、左右逢源；反过来，如果处理不好这些关系的话，你就会四处碰壁，莫名其妙地受到阻遏。因此，研究好关系学也是一个非常精深的课题。

那么《菜根谭》是如何看待关系学的呢？对于关系，《菜根谭》讨论的一个重要问题是，人生到底是要方，还是要圆？

在生活中为人处世，到底应该是方方正正，保留自己的个性呢，还是应该特别地圆滑和练达呢？处在一个非常的环境下，到底应该怎么做呢？做人有原则好，还是随着大众好呢？

《菜根谭》说："处治世宜方，处乱世当圆，处叔季之世当方圆并用，待善人宜宽，待恶人宜严，待庸众之人宜宽严并存。"

如果你处在乱世当中，根本就没有什么是非的原则、黑白标准，那你就应该"圆"，就应该知道如何明哲保身，就应该收起自己锋芒，知道如何随波逐流，及时地调整自己，这是在乱世中的定位。治世和此相对，天下大治，政治清明、天下太平的时候，应该有自己的棱角，有自己的个性，坚持一定的原则。

这里有一个词叫"叔季之世"。叔季之世是什么？中国的古人有排行，一家里头如果有兄弟几个的话叫作伯仲叔季。叔和季排行几乎是最后边的了。所以这个词的意思就是说：世道将乱未乱之时，已经有了一些征兆，经常会出现天灾人祸，会有一些令人不满意的情况出现，导致民心不安。

在这样的情况下应该怎么办呢？这个时候就要方圆并用。那么，如果把它具体到职场当中，什么时候应该方，什么时候应该圆？

如果你所在的职场是非常有原则和法度的，一切都是井然有序运行的，而且完全按照正常的标准和规矩来进行，尊重个人、具有诚信的话，这个时候你就要方，要保持自己的本色，坚持自己的原则，在自己的底线之内，按照自己既定的目标去处理自己的事情。

如果你所在的职场，是没有规则且没有规矩的，没有一定的原则和法度，那么你就应该圆滑一些。

然而，最难办的事情是看起来有规则，实际上没有规则，比如潜规则。我们将职场比作江湖，进入职场就像玩一场游戏一样。如果说游戏规则明确，每个人都按照规矩出牌，那你就好好玩，好好出牌，好好把握手中的牌，做一个牌中王者，最终赢得这场游戏的胜利。

但是如果大家都不按规矩出牌，这时就需要你协调方和圆的问题，不能一味地方，当然也不能够一味地圆，要懂得在适当的情况下，调整为人处世的方式。

梨树无主，你的心也要无主吗

那么，怎么做才叫方呢？第一点要讲的是“持身要方”。

“持身”是儒学中经常提到的一个词，儒家的人生理想就是“修身、齐家、治国、平天下”。持身便是管好自己。

一个人出入社会，首先要面对的问题就是如何立身、如何处世，这时就要熟知立身的规矩、立身的原则以及立身的底线。

之前我们讲过，《菜根谭》整部书需要慢慢地品读，你需要一种平静淡定的心态来面对波澜壮阔的人生，这样才能从中得到启示。而在面对经常会出现起伏的职场生涯的时候，你同样需要有读《菜根谭》一样的淡定心境。

我们曾说“性定菜根香”，这叫平常心。心性安定的人，他的心中才有主见，才能有一个可以依持的原则，才不会被外人的评价、物质的变化以及内心的躁动所干扰。这就叫“持身有自己的度，有自己的主见”。

孔子说过一句话：“君子不忧不惧。”什么样的人才能称得上君子呢？君子应该是有内心的持守，有原则、有坚持，也就是“心中有主”。

在《元史》当中有这样一个故事：学者许衡和一群人在逃难的途中

看到路边有一棵梨树。当时正是兵荒马乱的时候，逃难中的人都非常地饥渴，看到梨子之后，大家都纷纷上前去抢着吃，只有许衡一个人，坐在树下一动不动。

旁边的人看着纳闷，就问他说：“你怎么不吃梨呀？”

许衡说：“你们知道梨树的主人是谁吗？”

大家回答：“世道这么乱，这梨树根本就没有主人，你还有什么担心害怕的？”

许衡淡定地说了这样一句话：“梨树无主，我的心还能无主吗？”

世间事情纷繁冗杂，无论是社会还是职场，规章法度和运行程序崩塌的情况也时有出现，在这个时候，我们应该怎么做呢？就不妨想一想许衡这位古人吧。做到“梨树可以无主，但是我心不能无主”，就能做到“持身”。

持身要方，就是当你有了一定的持守，你的内心就能安定，这时才

△ 梨花虽无主，人心却有主

知道自己究竟要怎么做。

《菜根谭》当中就有这样的一句话："君子处患难而不忧，当宴游而惕处，遇权贵而不惧，对茕独而惊心。"内心稳定有所持守的话，这样的人就会做一个君子，君子处于患难之中不会忧虑，面对权贵不会低头，处在花天酒地的场合之中，也能够小心面对。即使是在自己独处的情况之下，也知道如何地严于律己。

做人有这样的底线和内心主见才能算得上是真正的君子。在职场当中，也有很多这样的例子。

日本财政界巨子池田所彬在职场生涯当中，所遇到的事情对每一个在职场当中的人都有启示：你持身什么时候应该是方的。

池田所彬工作的时候，有人对他说："一般情况下，如果你想工作得好，想要工作得顺利，你想要升职加薪，你就要到上司家去串门，经常给上司送礼，经常照顾领导，这样才能达到你的目的。"

也有的人说："如果你自己不好意思的话，你可以不必亲自去，可以让你的太太代劳。"用我们今天的话说，就是采用"曲线救国"的间接策略。自己不好上门，让太太拿着礼物去上司的家里，也能达到自己的目的。

他的夫人就曾经问过他说："需不需要我去上司家里拜访？"

池田所彬说："一般人都认为，如果想要升职加薪，必须去拜访上司。我认为这是没有必要的。我现在不会这么做，以后我也不会这么做。"

池田所彬说到了，也做到了，他靠着自己一以贯之的个性和勤勤勉勉的努力以及一丝不苟做事的精神，从一个普通的银行职员，一直做到了三井银行的总裁，后来又成了财政部长。当时的评论家说："池田所彬是一个什么样的人呢？是一个为人方正刚直，没有物欲的人，温厚宽容，对人也很好。所有人托他办理的事情，他都尽心尽力地做好，没有任何的私利在里面。”

尽管做到了银行总裁，做到了财政部长的位置上，可是在这个过程中，也没有像周围的人那样去给上司导送礼，和上司搞好关系。你没有做这些事情，不一定就会受到冷落和遭白眼。

林则徐说：“海纳百川，有容乃大。壁立千仞，无欲则刚。”因为他的包容，才成就了他的大；因为他的无欲，才成就了他的刚。

当你对物欲没有过多的追求，淡泊功名利禄，才能够有方正刚直的性格。

有原则，但也要懂变通

“持身要方”并不代表着一定要一条道走到黑，固执己见，不撞南墙不回头。一条道走到黑的人是什么样子的呢？就是与现实格格不入，只坚持自我。

我们常常用不合时宜来形容这样的人。时宜就是条件、具体的环境，一个对自身和周围环境都不了解的人，做事情的时候必然是没有原则的，不能充分地和周围的环境达到协调统一。

屈原是中国历史上非常典型的文化符号式的人物，他的一生以及临死之前的抉择，都给无数的子孙后代带来思索。

屈原在临死之前曾和渔夫有过一段对话：

渔夫：“子非三闾大夫欤，何故而至此？”（你是当年那个厉害的大官，今天怎么落到这个地步了啊？）

屈原：“众人皆浊我独清，众人皆醉我独醒，是以见放。”（大家都糊涂，只有我一个人清醒；大家都喝醉了，只有我一个人没有喝醉，所以被流放到这里。）

渔夫："举世皆浊，何不随其流而扬其波？众人皆醉，何不哺其糟而啜其醨？何故怀瑾握瑜，而自令见放为？"（既然世风如此，你为什么不随波逐流，和大家一起过糊涂的日子，等到机会来了，再振臂而呼。就算你今天保持清醒了，但想要凭借个人之力去扭转乾坤是不可能的。）

渔夫说的这句话很有意思，《史记》当中的这段记载，实际上表明了人们到底是应该坚持自我的原则，还是应该同流合污，这是对从众然后泯灭自己个性的一种思索。

渔夫还有一句话："夫圣人者，不凝滞于物，而能与世推移。"

意思是，一个真正的圣人，不是一味地坚持到底，而是会调整自己人生的方向，会及时地与世推移，会有所转变，这才是圣人。

对于渔夫的这句话，我们应该如何理解呢？每个人在不同的时期，都会有自己不同的见解，都会有自己不同的坚持。我们不能说这种坚持就是错误的，就如同屈原最终还是选择了坚持自己的理想，宁为玉碎不为瓦全，投江而死。然而，是不是有更好的处理方式呢？这个问题是值得我们思考的。

怎样才叫作合时宜？怎样能够更好地处理立身和处事之间的关系？在中国传统的历史上，有很多这方面的例子。

苏东坡就是一个非常典型的不合时宜的一个人。他的经历是非常有意思的。苏东坡才华满腹，被欧阳修认为是"文坛衣钵继承者"，但他又非常高傲，自认为很有主见。在新党执政的时候，对于新党的种种措施，他都持反对的意见，因此成了新党的反对派。

结果他一路被贬，一路被流放。等到旧党重新执政的时候，以为他是旧党的同伙，就把他召回到中央。苏东坡回到中央之后，对于旧党的很多做法，他仍然持反对的意见，并坚持自己的见解，于是他再次被贬，被流放。因此苏东坡这一辈子遭受了特别多的坎坷，在不断的颠沛流离

△ 苏轼回翰林院图

当中度过。

有一次，苏东坡跟家人聚在一起，当时家里头很多亲人因为生老病死都离他而去了。有一个妾叫王朝云，一直陪伴着他，对苏东坡非常了解。酒足饭饱之后，大家聚在一起聊天。苏东坡拍拍自己的大肚子，对家里人说："你们猜猜，我这个大肚子里装的都是什么呀？"

有的人说："你是一肚子的文章，一肚子道德。"

王朝云笑了笑说："依我看啊，你那是一肚子的不合时宜。"

苏东坡听完哈哈大笑。

苏东坡笑是必然的，因为在他后半段的人生当中，对人生有了很多的感悟，对于人生的态度也更加明了。他对自己和他人有了更多的包容，有了通达、乐观的精神。

人有的时候就是这样，你的人品和你的处事方式不是自相矛盾的，不要以为圆滑就是人品低劣。比如你是一个真诚、有原则的人，但是这不影响你用圆滑的态度去处理事情；你用灵活通变的态度去处世，也不会影响到人品。但前提是要处理好两者之间的关系，如果处理不好的话，就适得其反。

《菜根谭》说："作人无点真恳念头，便成个花子，事事皆虚；涉世无段圆活机趣，便是个木人，处处有碍。"这句话对于在处理各种职场关系时，我们究竟应该方还是应该圆是个非常好的参考。

它的意思是如果做人没有一点儿真诚，没有一点儿恳切，没有一点儿刚直，没有一点儿方正的原则，这个人实际上就会一无所有。就像乞丐一样，没有自己的底线，没有自己的主见，到处都是虚的，因此做人应该有一点儿真恳的念头。

但如果做事的时候只有真诚、恳切、刚直和方正，而没有一点儿圆活的机趣，不会灵活变通，不知道有的时候需要前进，有的时候还需要后退，有的时候需要一往直前，有的时候还需要和气一片，你就和木头人一样。会处处遇到障碍，会处处碰钉子，你的人生之路会走得很艰难。

第四章 职场方圆（下）

职场中的“雅”

何谓雅？何谓俗？按我们中国人的说法，雅是阳春白雪，俗就是下里巴人。提到阳春白雪，读者自然就想到了高标远致、淡然出尘和特立独行这样的词汇。而提到俗，就是老百姓的东西，能够被大部分人接受的，能够使大部分的人都融合在一起的东西。那么，对一个处于职场中的人来说，到底应该雅还是俗呢？

《菜根谭》中有这样的一句话：“处世不宜与俗同，亦不宜与俗异；作事不宜令人厌，亦不宜令人喜。”

这句话的意思是，雅和俗没有严格的标准，应该处于雅俗之间，做事情应该有一定的标准和原则，不应该随波逐流。为了跟大家处好关系，为了融入到群体当中，就唯唯诺诺、丧失自我，这都是不可以的。但也不要为了标榜自己与众不同，就天马行空、特立独行，处处唱反调，这也是行不通的。这叫“处世不宜与俗同，亦不宜与俗异”。

当然也不宜令人厌，什么样叫令人厌呢？就是做事总跟大家不合群，总是跟大家不一样。比如今天大家都说去吃面，然后你就说自己不喜欢吃面，要去吃西餐，这样就不合群了。

所以行为处世总是要处于“度”之间，这也符合我们传统文化当中的中庸，不偏不倚，凡事不要太过度、太偏执。

再谈“雅”。雅是有点儿难以理解的，我们平常总会说一个人气质高雅，有着典雅出尘的志趣爱好，但这些爱好却很难让大众接受。所以，那些很难接受的东西，我们一般都认为它们是高雅的。

大多数人都会觉得，高雅不是平常老百姓所拥有的东西。我们经常说“仓廪实而知礼节”，意思是在一般情况下，礼节是在其他的需求之外的，只有满足了温饱的要求，才能在精神上有更高的追求。

社会学家马斯洛曾有个著名的金字塔理论，认为人类需求像阶梯一样从低到高按层次分为五种：生理需求、安全需求、社交需求、尊重需求和自我实现需求。

处于金字塔最底端是绝大多数人吃饱穿暖的生理需求；再往上一层是安全的需求；接着再往上就是社交的需求；到了金字塔的最顶端，马斯洛认为是自我实现的需要，如果我们把它转化到我们所说的“雅”上面来，可能就是很少的人在满足生活基础物质的需要之后，再追求精神上的满足，也许这样才能到达一个高雅的境界。

那么只有有身份的人、有地位的人和有钱的人才能追求高雅吗？

其实，在某种意义上说，并不完全是这样。

我认为，雅是一种对待生活的态度和方式。在《菜根谭》当中有这样的一句话：“竹篱下忽闻犬吠鸡鸣，恍似云中世界；芸窗下雅听蝉吟鸦噪，方知静里乾坤。”这句话向我们描绘了一个特别美好的世界：站在竹

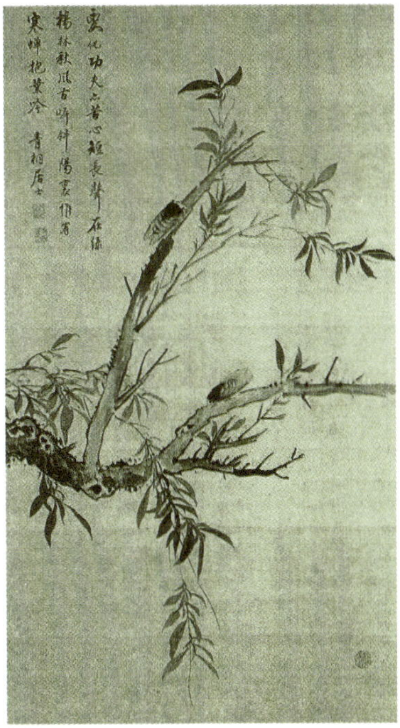
△ 夏日听蝉声

篱笆之下，听到了鸡鸣狗叫的声音，这时不仅不会觉得这是混乱的声音，反而会有仙境的感觉；坐在书房里看书，忽然听到窗外蝉鸣鸦啼，心好像一下子就飞到了九霄云外。

“雅听蝉，吟鸦噪”，竹篱笆和小书房有哪里高贵吗？事实上并没有，这就是一个人在很普通、很平凡的生活当中，能够坚持自己的理想和追求，我认为这样才叫雅。

雅不是以财富为界限的

雅在很多时候是一种对待生活的态度和方法，在职场人生中，有的时候你会处在高点，有的时候你会处在低点，有的时候你可能会赢，有的时候你可能会输，有的时候你可能挣得多，有的时候你可能挣得少。

然而，对于人生的境界而言，跟这一切都没有关系。有关系的是什么呢？是你的姿态。有这样一句话：“赢的时候姿态要高，输的时候转身要优雅。”这句话说得非常好，它表明了“雅”是一种对待人生的态度和方法。

中国古人有很多关于雅的论述，《世说新语》当中专门有一个类目就叫“雅量”。我们来举个例子：

东晋当朝的大人物谢安是雅量的代表人物，《世说新语》当中有很多关于谢安的记述，他不管是面对权力的升迁变化，还是朝野重大的变动，始终保持着从容淡定的态度，这种品格被称为雅量。

淝水之战时，前秦的苻坚率领百万大军，浩浩荡荡向东晋直扑而来。东晋当时所有的部将加到一起才八万人，朝野上下一片混乱，但谢安始终是镇静自若的。

周围的人都问他应该怎么办，他只是简单地回答说：“自有定夺，朝廷自有安排，不用担心。”就不再多言了。

开战之前，谢安把阵布好以后就去游山玩水下棋了。和谢安下棋的人中，有一个人就十分关注战事的进展，本来棋艺比谢安高，但在下棋的时候心里发慌，总是想着东晋要完了，心思完全不在棋盘之上，结果只能是输给谢安了。反观谢安，却跟个没事儿人一样，十分地镇定自若。

当战事发生了重大的转变，军士火速送来前线战报：“东晋以少胜多

◁ 宠辱不惊，去留无意

破了前秦的百万大军，已经决胜千里之外。”谢安心里自然是非常兴奋，但表面上任何的表情都没有，仍然淡定地下棋。客人非常关心战事进展，谢安见状，缓缓举起棋子说：“小儿辈已破贼。”客人听了之后，狂喜万分，但谢安仍然跟什么事情都没发生一样。

还有一次，谢安和王羲之、孙兴公等人到海上去泛舟游玩，船刚开出去不久，海上就起了特别大的风浪，船剧烈地颠簸起来。这个时候王羲之和孙兴公等吓得脸色巨变、哆哆嗦嗦，都缩到船角去了。

谢安吟笑自若，像什么事也没有一样，站在船头看着风景。这时船夫一看宰相没事，就接着往前摇船。快要到海中间的时候风浪更大了，船几乎要被掀翻，剧烈地颠簸着。王羲之和孙兴公都要不行了，说：“赶快把这船弄回去吧，我们要葬身大海了。”这个时候谢安才慢慢地说：“如此看来，游玩差不多了也该回去了。”船夫听他一说才把船摇回去。

这两件小事，说明谢安有一个特点：不管经历怎么样的人生变化，不管是自然界的风浪还是人生的风浪，或是政治上的风雨，他都能够镇定自若，有自己的原则和把持。这种品格就叫雅量。

《菜根谭》当中有一句：“宠辱不惊，闲看庭前花开花落；去留无意，漫随天外云卷云舒。”这句话非常著名，被很多人当作座右铭。这句话表达了一种怎样的状态呢？

一个人无论得宠还是失宠，升官还是降职，都不应该有大起大落的心态，就如同庭院前面的花，春天来了它就盛开，秋天走了它又凋谢了，这是人生的规律。

不管一个人的职场地位是高还是低，不管是升职还是离职，都不应该过分地在心灵留下难以泯灭的划痕，要如同天上的云彩舒卷自如一样，这是自然变化。能达到这样一种心态就叫雅。

职场中的“俗”

志趣要雅，不管面对人生的波峰还是波谷，都要有镇静的心态，这样的志趣被称为雅。那么，我们应该如何去理解“俗”呢？

雅是自己的事情，俗却是从众的事情。说到从众，没有一个人敢说自己不是社会人，我们毕竟没有独自住在深山老林里，抛弃了各种各样的关系。

古人讲五伦，五伦指君臣、父子、夫妇、兄弟和朋友。我们总是要生活在一定的圈子当中，需要处理好各种各样的关系。而且我们必须要融入到圈子里面去，这样才能够为自己营造一个和谐的环境和氛围。

那么应该怎样“融入”呢？刚才我们说了，那就是行事要俗一点儿。当然，这个俗不是庸俗，也不是大家开玩笑时说的大家都是“俗人”。这里所说的俗，是一种包含容纳的特点，不要特立独行，要尽量和大家都一样。

《菜根谭》当中有一句话叫：“地至秽者多生物，水至清者常无鱼，故君子当存含垢纳污之量，不可持好洁独行之操。”

在自然界当中，一块堆满了腐草和粪土的地方，却是一块适合庄稼生长的肥沃的土地；但如果水特别清，没有一点儿杂草和一点儿污泥，是不适合生物生存的，甚至连鱼都很难生长。

所以，有时候一个人是应该和周围的人打成一片的，要能从众，甚至要能够和周围的人“同流合污”，不能过于特立独行，不能过于洁身自好，眼里要能揉进沙子，否则就会是“水至清则无鱼”的结果。

一个人其实应该这样：你有的时候需要跟周围的人打成一片，哪怕多多少少有一点儿从众或者有“同流合污”之嫌，你也不要特立独行，千万不要太过于洁身自好。我曾在网上看过一篇小文，非常有意思。它的名字叫《如何混社会的技巧》，当然这个文章还是有一点儿调侃和黑色幽默，不过多少有些道理。

内容是这样的：职场上的亲爱的朋友们，我来告诉你如何混社会。什么叫混社会呢？你们都认为我们从小好好学习，得到了各种各样的证书；名牌大学毕业，又考过了各种各样的等级考试，又拿到了各种各样的证书，于是在职场上就有能耐了，就一帆风顺了？不是这样，这只能说明你在某一方面具备了在职场上展开你的一段路程的基本素质和条件。

有时在人生当中，这些叫正统的东西只是混社会的一个部分，但是在职场上混得好不好跟这个事没有直接的关系。跟什么事有关系呢？你从小的“好孩子教育”学得太多了。你不会打牌，不会玩游戏，不会各种各样的网络游戏，这些东西都不会，你手里拿着一堆证书进到单位之后，你会发现这些证书所起到的作用有的时候并不能帮助你融入到一大片人群当中去。

有人说过：“有时候打一手好牌和有四六级证书是一样重要的。”这句话非常有意思。在单位里面，大家是愿意和一个特别爱玩，特别有意思，能组织大家玩到一起去的人相处，还是和一个手里拿着一堆证书，天天板着个脸，谁也不理的人混到一起呢？答案肯定是前者。

因此，我们在进入到一个团队和进入到职场之前，或者在职场行走的过程当中，一定要记得要适度从众。

有的人精明强干，在单位是业务上的好手，上司也认为他是一个术有专攻、业有所长的人。然而这样的人却经常跳槽，原因就是他总是很高傲，横挑鼻子竖挑眼，和大家都处不来，最后直接撂挑子走人。

换一家如此，再换一家仍然如此。这样的人经常换工作，但总找不到如意的工作。还总是抱怨说：“这世上伯乐都哪里去了啊，怎么发现不了我这匹千里马呢，我是才华如此出众的一个人，上司怎么就不知道重用我呢？”

事实上，不是伯乐没有发现你，而是你自己是一个特立独行的千里马，这样的千里马连伯乐都难以容忍。即便你是一个才华横溢的人才，上司的忍耐程度也是有限度的，他不会因为一个人而失去大部分员工的支持。

因此，俗话讲：“一根筷子容易折，十根筷子不宜折。”这句话很俗，但是对于职场中的每个人来说，我们都应该努力成为十根筷子中的一根，而不是单独的一根筷子。在职场当中，你的能力再强，你的才华再出众，也只能是单兵作战，你所发挥的力量也抵不上一个团队。

一个人的力量终究是有限的，想要取得成绩就必须要融入到团队当中。总而言之，想要在职场中混得好，就要既有一定的原则，又能有一个浑然天成的人际关系，这才是我们所需要的真正的大俗和大雅。

第五章 办公室兵法（上）

职场，没有硝烟的战场

《菜根谭》里面有这样的一句话：“害人之心不可有，防人之心不可无，此戒疏于虑者。”

这句话是用来警诫那些防范意识过于薄弱的人。害人之心不可有，讲的是为人要诚恳厚道，有立身之本；防人之心不可无，虽然我们以诚信为本，但不能对所有的人都毫不戒备。

这句话要传递的一个信息是，职场是没有硝烟的战场，职场待人要背后留点儿心。

在办公室中，我们会遇到不同性格的人，有的是急脾气，有的是慢性子，有的容易相处，有的很难交往，有的人嘴尖舌利却毫无成府，有的人沉默寡言却藏了一肚子的心机……面对形形色色的人，一定的防范意识还是要有的。

有的人会觉得这是没有必要的，因为这样做就像是没防火墙一样，把所有人都当成了高级病毒，总是小心戒备感染。但是，这个世界也的确存在着一些口蜜腹剑的小人，所以小心为上。

“口蜜腹剑”这个成语说得是唐朝的一代奸相李林甫。李林甫是一个德行不高，通过运作各种人事关系，欺上瞒下，获得了相当地位权势的人。所以他特别害怕有人觊觎他的地位，抢夺他的权力。

唐玄宗是创造了开元盛世的一代明君，到了晚年却十分糊涂，宠爱贵妃、任用奸臣，过着奢靡淫乱的生活。有一天，他忽然就想起一个叫严挺之的贤臣，便问李林甫说：“严挺之现在何处，他身居何职？”

李林甫想：“如果严挺之一旦被玄宗再启用的话，就会威胁到自己的地位，到时候如果想办一些特殊事情，不是处处受到阻碍吗？但皇上交代的事还不能不办，那怎么处理呢？”

李林甫找到了严挺之的弟弟严损之，严损之也在朝中为官。他对严损之说：“损之啊！皇上特别想见你哥哥，可是你哥哥现在不在京城，我们得想办法让他见到皇上啊！”

严损之听到李林甫这样说，认为李林甫是真心地关心他哥，就听信了李林甫的诡计。

李林甫对他说：“这样吧，你让你哥哥写封信，说他得了风疾，想要回京城看病，这样你哥哥借着看病的机会，就能见到皇上了，就能和皇上叙叙旧了。”李林甫就这样在严损之面前卖了个好。

事实上，这不过是李林甫的一个计谋而已。这里所说的风疾应该是一种老年病，不是严重的疾病，和今天的高血压、动脉硬化差不多。当时的唐朝，从皇上到大臣，很多人都得风疾，并没有什么特别的。李林甫的计谋成了严损之眼里的关心，就让自己的哥哥写了这封信。

当玄宗接到这封信的时候，信的内容就变成了：“皇上，我现在年老体迈，血脂高、血压高、血糖高，水平也不高了，我应该怎么办呢？”皇上看到这样的内容，自然不会让严挺之回京当官了。皇上只能长叹一声说：“唉，真是可惜啊，既然挺之年事已高，年老体弱，什么也不能干，就此罢了吧。”

可怜的严挺之却什么都不知道，一直被蒙在鼓里。在这之后，就被玄宗授予了一个闲职——员外詹事。意思就是既然你年老体弱，就待在洛阳城里养病吧，别回京城了。这就是李林甫这种小人干的事情，对于这样的人，如果你没有防范之心的话，不仅不会怨恨他们，甚至还会对他们感激涕零。

一般人可能简单地把人分成君子和小人两类，以此来评判一个人德行的好坏。在现实生活中，君子和小人并不会作为一个标签贴在人的脑门上，还是需要我们自己去鉴别的。

当然，并不是说我们要对任何人都有怀疑之心。只是在入职之初，和周围的同事最好保持一定的距离，不要立刻就走得特别近，要有一个安全距离，在这个距离之内，才会有回旋的余地。

在心理上，如果有人突破了这个安全距离，肯定和你有着非常密切的关系。比如说，如果一个小伙子对你有意思，但是你又不知道他对你有没有意思的话，他就会无意识中突破你的安全距离，他会在不知不觉中站在距离你很近的地方。

这种情况，在一般的同事或者是合作伙伴之间是不会出现的。而他的笑容、他的气息都会有意无意地展现在你的面前。他在跟你说话时，而你也会在不知不觉间感受到他的气息，感受到他的笑容，这就是心理距离。如果一个人有这么近的关系，你们之间的感情距离也会越来越近，心理跟身体上的距离也会越来越近。

职场关系不宜过于亲密

但是在职场上，并不建议你在轻易之间就和他人建立过近的关系，因为这样你会轻易地将别人视为君子，即便他是一个贴着“君子”标签的小人。

我们再举一个例子：

战国时期魏国有一个名将吴起，他是战国法家的代表人物之一，法家的改革取得了一定的成就，吴起也在当时的魏国占据了一席之地。

当时魏武侯的女婿叫公叔，吴起的改革触动了一些地方贵族的利益，其中就触动了公叔的利益。公叔特别讨厌吴起，想方设法要把吴起弄出魏国去。但当时吴起还是武侯眼前的红人，这该怎么办呢？

公叔就想到了一个办法。有一天他跟魏武侯作出商量事情的样子，说：“吴起现在主持变法，对咱们国家有很大的贡献，这个人还真是不错。”

武侯说：“的确，这个人挺能干的，有很多重大的改革措施。”

公叔又说：“就是不知道他跟咱们是不是一条心。这怎么能试出来呢？”

武侯一听说：“对啊，他不是咱们魏国人，当时逃亡投靠过来的，想知道他跟不跟咱们是一条心，应该怎么办呢？”

公叔说：“我有办法，一招就能试出来。你再见到吴起的时候，就跟他说想把公主嫁给他。”

吴起是个什么样的人物呢？他曾经杀妻求将，性格非常冷酷，自己有非常独特的为人处世的方法。

公叔从魏武侯那里回去后，就马不停蹄地到了吴起家，邀请他去喝两盅。吴起在改革方面挺有力度和措施，也挺能干事，但性情上是有一些暴力冷酷，这样的人往往比较直率，不太有心眼儿。他也没有想到这公叔找他要做什么，就跟着去公叔家了。公叔事先早已经安排好了，让他夫人安排媳妇的丫鬟如此这般这么做。

公叔是魏武侯的驸马，他媳妇就是公主。结果公叔和吴起一到家里面，他夫人就迎上来了，叉着腰气势汹汹地大骂："你又干嘛去了？"

公叔假装小心翼翼、战战兢兢地说："没什么事，约一个朋友来家小酌。"

公主立刻气势汹汹地骂道："酌什么酌，整天不见你干正事，上班不好好上，天天喝马尿。"

当时还是战国时代，讲究的还是男尊女卑。吴起说："天呐，尊夫人怎么回事啊？"

公叔就装作非常可怜的样子，唉声叹气道："哎呀，没有办法呀，人家是公主，我也惹不起呀，她怎么说我就怎么是吧。没事，咱俩喝咱俩的，乐呵一天算一天吧。"

这两个人刚摆上酒桌要开始喝的时候，这公主的丫鬟又来了，气势汹汹地说："请到我家公主那里去，有事找你。"

公叔立刻唯唯诺诺，一溜烟儿地跑去了，过了一会儿回来了。

这吴起更纳闷了，说："天呐，你们家丫鬟都这么厉害呀？这怎么回事呀？"

公叔就说："哎呀，没办法嘛，主大奴也大，惹不起呀。"

吴起在公叔家这顿酒没喝明白，惹了一肚子气，心想："我的天，这什么东西呀，怎么这样啊？"回到家里还愤愤不平。

正在这时候，宫中来人说武侯宣见，吴起赶紧进宫。武侯见了他扯东扯西，扯了半天的闲谈，吴起也不知道他要做什么。终于，武侯开始说正题了。"爱卿呐，我有一女，公主想要嫁给你，以成就好上加好，你看怎么样？”

吴起刚刚在公叔家里面见到了公主要泼那一副样子，心里气还气不过来，怎么都没想到，这个所谓天大的“好事”轮到自己头上来了，于是想都没想马上表态“坚决不行”。

武侯很纳闷，问道：“为什么呀？我不嫌你出身贫贱。”

但吴起心里想得却是“你不嫌我出身贫贱，我嫌你们家公主难伺候”。

在千推万辞之下，武侯的脸拉了下来：“好吧，如此的话那也不勉强爱卿了。”

其实武侯这时候就中了公叔的计了，他开始觉得吴起有二心，于是就开始疏远吴起。后来吴起也发现自己在魏国待不下去了，最后找了一个机会再一次偷偷溜到别的国家。

在职场当中，做人稍微少了一点脑筋，就会在不知不觉中被人算计，所以要留点儿心还是有必要的。

真正的君子自然是不需要防的，但在职场当中，却有几类看似君子实则小人的人。比如，经常和你推心置腹、倒苦水的人，这样的人看似在和你推心置腹，给你一种很好的感觉：“这人怎么跟我这么亲近呢？一般人都不说的话他就跟我说，一般人的都不知道的内幕，即便是个人隐私他也会跟我说。”

事实并非如此，有的人看似把自己的苦水和隐私透露给你，其实是在借机打探你的隐私。在他向你述说这些事情的时候，你会觉得他很信任你，对你没有任何的提防；相应地，你也会放下心理防线，推心置腹地将所有的一切都告诉他，将自己的心迹毫无保留地展现在他的面前。这是非常危险的。

古话讲：“话到嘴边留半句，莫向他人抛全心。”不要轻易地把自己的个人隐私、对他人的意见以及在公司当中的一些矛盾与他人分享。以免祸从口出，带来后患。

离“职场小人”远一点儿

在职场中，还存在着一类人，就是唯恐天下不乱的人。

这样的人总是会制造一些谣言，有的时候即使不是谣言，也会让人心里发慌。这类人有一个典型的特点：总是会毫无根据地传播一些小道消息。

例如：“唉，你们知道吗？今天老总穿了一个新的衬衫，据说这个衬衫是某个90后的小美女给他买的呢。平时看着那么清纯的一个小姑娘，真是人不可貌相呢。”

当你听到这个消息之后，也许会附和着说：“怪不得呢，没有多大能力，来公司没多久就当上了部门经理。”

有些时候你会觉得获得了一个独家消息，你会想这个朋友怎么会把这等头号大新闻就告诉你了呢？同时还会给你造成一种误导，你会觉得老总怎么这么不正经呢……然而这些乱七八糟的想法对你有什么好处呢？可以说只有坏处没有好处。

在面对这种人的时候，我们一定要小心，不能被他的谣言所影响，不能产生任何消极的情绪，否则吃亏的还是你自己。

还有一类人是爱占小便宜的人，对于这样的人，我们也要时刻注意。

无论是私人企业，还是国有单位，总是会有爱占小便宜的人。经常在下班的时候往兜里头揣点儿好东西，有时甚至会让你偷偷把公司的东西往外带。跟这样的人在一起，或者跟这样的人走得近，而你又没有防范心理，会有什么样的后果呢？

打一个比方，就比如你总是跟狐狸待在一起，虽然没什么事，但会在不知不觉中惹一身骚，别人会把你当成这一类人。

另外一类人，就是爱揽功推过的人。做得好了就往自己身上揽，全都是自己的功劳；事情出了问题，就往别人身上推，说是别人的责任。

在职场中，有的时候我们很难分辨以上这些人，因为会受到太多因素地干扰。不过这都没关系，只要记住关键的一点——不被表面的现象所蒙蔽。你一定要记住，那些经常给你点烟倒茶的人，经常跟你推心置腹的人，不一定就是你职场生涯中的贵人。

前两天在网上看见过一个故事，非常有意思：

有一只小鸟，它要飞到南方去过冬，途中越飞越冷，最后被冻僵掉到了地上。这时候正好一头老牛经过，老牛看四下无人，就扑通拉了一泡牛粪。牛粪正好拉到小鸟的身上，小鸟当时被冻僵了，没觉得这牛粪有多臭，反而觉得热乎乎的很舒服。在温暖的牛粪中，小鸟苏醒了过来，在微薄的阳光下，它的心情很好，就叽叽喳喳地唱起了歌。

正当它唱得兴高采烈的时候，一只猫经过这里，循声看到了牛粪里的小鸟，毫不客气地将小鸟从牛粪里拽出来吃了。

这个小故事非常有意思，它给我们两条启示：在职场上拼搏奋斗，往你身上拉粪的人不一定就是你的敌人，把你从粪堆里头拉出来的人也不一定是你的朋友。这时我们就需要多一点儿防范，多一点儿思考，多一点儿辨别。

古人在职场中的隐忍

职场上需要提防小人，而在遇事的时候，则需要隐忍，所谓“小不忍则乱大谋”。《菜根谭》里说：“害人之心不可有，防人之心不可无，此戒疏于虑者。”这句话是在提醒那些有点儿粗心大意、考虑不周、过于相信别人的人。

还有下半句：“宁受人之欺，毋逆人之诈，此戒伤于察者。”这句话是说：宁愿受人的欺负，打掉牙往肚子里咽，也不要特意去拆穿别人的骗局。这是用来警示那些那过于心明眼亮、明察秋毫，对任何事情都具有过高警惕性的人。

这两句话合在一起，我们需要共同参考、共同思量，如何既不失做人的智慧，心明眼亮体察世间人情，又不失为人宽厚的原则。所以《菜根谭》还说“觉人之诈，不形于言；受人之侮，不动于色”。

这句话有无穷意味，也让我们无穷受用。你明明知道有人给你设了陷阱，也不要着急拆穿。这时虽然受了一点儿委曲，但是你的隐忍会让你受用无穷。历史上有很多这样的经验和教训，比如刘邦的智囊张良就有一个非常经典的故事。

张良在散步时，在桥上看见一个老人。老头就坐在那儿，鞋有脚上耷拉着晃悠晃悠，啪嗒掉桥下了，冲着张良喊：“小子，给我把鞋拿上来。”

张良并不认识这个老头，但他没吱声，默默走下桥给他捡了回来，递给了老头。没想到老头又把鞋踢掉了，说：“你再给我捡一回。”张良还是没说什么，再一次帮老头把鞋捡了回来。

如此这般几回，老头见张良没有什么架子，躬身屈就给他捡了好几次鞋，就把手中一卷发黄的古书——《黄石兵法》交给了他。张良以后辅佐刘邦，成就了天下大业。

古往今来，很多人就是靠着这种隐忍之术安身立命，建功立业。

武则天统治时期有一个著名的宰相，名叫娄师德，是一位具有文韬武略的大臣。武则天是一位心狠手辣的女皇，她所统治的朝代酷吏横行、冤狱罗织，很多人都蒙受了不白之冤，甚至死于非命。

在这种情况下，娄师德能颐养天年，坐享高官厚禄，实在是难能可贵。他是如何在复杂的政治斗争中保持屹立不倒呢？靠的就是隐忍之术。

有一次，娄师德的弟弟去代州做都督（都督相当于现在地方的市长或者是省长）。在他走之前，娄师德对他说："弟弟，我们娄家本没有什么根基，虽然我们现在家门显赫，都做了高官，即使如此，我们也要小心。你去代州做都督，要注意些什么呢？"

弟弟知道哥哥在官场上很有经验，回答说："哥哥，不管遇到什么事情我都会忍着，会一直运用隐忍之术，这样可以吗？"娄师德接着问："如果你在上班的途中，有人朝你脸上吐一口吐沫，你会怎么办呢？"

这种事如果发生在现代人的身上，可能会是一件很严重的事情，别说是吐唾沫了，就算是在走路时互相多看几眼都容易打起来。他的弟弟是怎么回答的呢？他的弟弟说："哥哥，如果有人往我脸上吐唾沫的话，我就用袖子擦去，然后接着走路，你觉得这样可以吗？"

娄师德说："不行，因为有人往你脸上吐唾沫，表明他讨厌你，你用袖子擦去就表明你在意，就更加遭人痛恨。你应该像什么都没发生一样，继续走自己的路，等到唾沫自然干，别人对你的怨恨就会渐渐消失，慢慢地，就没有什么攻击你的对象了。"这就是著名的成语"唾面自干"。

娄师德的隐忍术达到了常人无法理解的地步，但也正是凭借大多数人都做不到的隐忍，他才得以在武则天身边高官厚禄、坐享天年。

职场人要会用"隐忍术"

俗话说"伴君如伴虎"，在皇帝身边辅佐的人，看似风光无限，却也承受着巨大的风险。然而正是这份巨大的风险，让他们学会了隐忍，又正是这份隐忍，才能让他们在君王面前“如鱼得水，游刃有余”。

在现代的职场中，同样潜藏着巨大的风险，同样需要一份隐忍。那么隐忍术在现代职场当中应该如何运用呢？

曾经在网上看过一个职场案例：

某公司销售部门有一位员工叫小李，特别厉害，经常用半个月的时间就能完成一个月的业绩，业绩经常位居公司的前几名。他有一个同事小杨，长得很漂亮，和林志玲很像，可是业绩却不好。

有一次，到了月底上报业绩的时候，小杨很发愁，因为她的业绩还有一大半没有完成。这时，她想到了小李。

小李对小杨爱慕有加，小杨便借着这个机会和小李套近乎，对他特别好，这让小李心里乐开了花，对小杨放下了所有的防范之心，两个人很快成了无话不说的好朋友。到了月底的时候，小李却发现，自己手中最大的订单签在了小杨的名下。

这让小李非常生气，经过了一番思想斗争之后，他冷静了下来，将打掉的牙咽到了肚子里。每天照样请美女吃饭唱歌，嬉嬉闹闹；和客户之间像平常一样来往；和上司之间，也像什么事情都没有发生过一样，尽心尽力地完成上司交代的任务。

到了年底，却发生了这样一件事。小李有一批货本来应该发给 A 市，结果他没有注意发给了 B 市，这是一个重大的失误，这个失误涉及 14 万美元的款项。

公司有一个规定：如果谁发现了这种错误，检举揭发，就将货款的 10% 归揭发人所有。

14 万美元，一个不小的数字。这件事情发生在谁的身上都是非常严重。最后谁把他救了呢？就是当初的那个美女，美女发现了这个情况，然而并没有吱声，而是私下督促小李赶快在限定时间内把货发到 A 市，挽回了重大的损失。

如果货物全部丢失的话，小李就要独自承受14万美元的罚款。这叫什么？无穷受用。当时的他，没有因为同事撬了他一笔订单而撕破脸皮大打出手，没有将这件事情宣扬出去，而是隐忍了下来，而他的隐忍也感动了对方，让对方在他危难之时伸出了援助之手。

隐忍术的确能给人带来一定的好处，但也要讲究度。如果隐忍术用过了头，也会带来不良的后果，因为不是所有的人都会以德报怨。

就比如，人家本来打的是你的左脸，你却让人家顺便也打一下你的右脸；别人想要你的衬衫，你就赶紧把领带也摘下来。久而久之，人家不仅不会对你感恩戴德，还会从心里瞧不起你，甚至会把你的隐忍当作是理所应当。而当有一天你不再忍受突然爆发的时候，他们就会离你而去，觉得你很不正常。

有人曾经问孔子："对待杀害父母的仇人该怎么办？"孔子就说："晚上睡在柴草上，吃粗粮，手边始终放着刀，一旦有机会就找他拼命。这就是对待杀父仇人的态度。"

有人就接着问："对待杀害自己亲兄弟的仇人该怎么办？"孔子就说："如果你身负公职，应该以公职为主；如果你出使国外，在不影响公职的情况下，见到仇人要立刻决斗。"

这个人继续问："对待杀害叔伯兄弟的亲人怎么办呢？"孔子就说："你用不着亲自寻仇，但如果有人寻仇的话，你要手拿器械陪在旁边。"

通过孔子的回答，我们可以看出孔子是个血气方刚的人，而且他有一个重要的理念，就是你没有必要完全地以德报怨，有的时候也要以直报怨，要有一种不卑不亢的态度，要有基本的原则和立场，不要一味地隐忍。

第六章 办公室兵法（下）

在职场中，你需要一台“空调”

大热天，我们什么事情都做不下去，这时一台空调就显得特别重要。现在的空调有很多种，其中有一种叫作变频空调，特别受欢迎。当房间温度达到预期值之后，它就会处于不停机的运转当中；如果温度稍高了，它就调节下去，如果温度稍低了，它再调上来，让房间始终处于一个恒温的状态。

在办公室兵法中运用“变频空调”，会让我们处于非常好的状态。

我们要搞清楚的是，职场中什么时候需要空调。

有的时候，当我们过于烦热而急躁，就需要给自己降降温。《菜根谭》就像一剂“清凉散”和“益智膏”，你发烧的时候它会给你降温。它还给了我们这样的建议：人生当中，有时候头脑过于发热，过于追赶潮流，过于追逐一种现象，不见得是好事情，这时我们就要降温。

那么，应该如何降温呢？《菜根谭》有这样的一句话。“热闹中着一冷眼，便省许多苦心思；冷落处存一热心，便得许多真趣味。”

热闹的时候，要小心提防，要让自己冷静下来，不然昏头昏脑做一些事情，往往就会出差错。比如很多骗子都利用热闹：一大帮人围在一起叽叽喳喳，路过的人心里就会想：“他卖的是什么东西，怎么这么多人围在一起看呢？肯定很神奇，我也去看看。”就这样，越来越多的人凑在一起。

据说是一个公司推出了新产品。它本来的价值是1000元，现在只卖500元，在市场上进行抛售，一大帮人在那里大声吆喝，引来了很多人围观。

这时，人群中会有人说：“哎哟！捡着大便宜了，我要买三个，一个给父母用，一个给孩子用，我自己再用一个。”有几个人也会跟着附和，将场面弄得热热闹闹的。站在旁边看热闹的人都纷纷争相抢购。等回到家的时候，却发现这个东西并不值500块钱，甚至连50块钱都不值，那几个人不过是商家请的托儿。

这个例子告诉我们，人生的好多事情看起来非常热闹，大部分人都趋之若鹜，但你千万不要轻易跟风。

如果什么事情都跟风跑的话，风向顺的时候，你在最前边，一旦风向转了，你就在最后面。所以有的时候，当你处于趋之若鹜的潮流里面时，要注意保持一丝冷静，免得以后遭罪。这就叫“省许多苦心思”。

《菜根谭》中还说“冷落处存一热心”。比如说最近上司非常不待见你，虽然你像老黄牛一样，辛辛苦苦干了好长时间，上司却总也看不见你，总是受到上司的冷落。

就算在这种时候，你也不要过于着急，要心存热思，怀抱着热情，保持一股持恒的劲，等待着转机的到来，这叫作“真趣味”。

背靠大树就能好乘凉吗

在职场上，往往有些人认为背靠大树好乘凉。领导层有了一个靠山，就什么事情都好办了。因此，这样的人想尽一切办法要找到一颗“大树”。

杨国忠当宰相的时候，领了四十多个头衔，朝中所有不依附自己的官员一律都被开除。他颐指气使，对所有的人呼来喝去的，根本就不把别人放在眼里，很多人就拼命找机会依附于杨国忠。

当时陕郡有一个进士叫张象。张象考上进士之后，当上了官，就应该去拜见领导。因为职场也是一个江湖，刚到江湖上开始混的时候，得先拜领导，你连江湖的“老大”是谁都不知道的话，还怎么能在江湖上顺利地混下去呢？

所以就有人劝张象，让他赶快去拜见杨国忠，这样就能富贵立刻至，权贵马上来。张象却说：“君以为如泰山，我以为如冰山。”你们觉得这是泰山，是靠山，你们以为他现在热得不得了，我却认为他是冰山，骄日一出冰山就立刻融化。你们以为他能永远这么横行霸道吗？

张象没听这个人的话，没去拜见杨国忠。不久之后，发生了“安史

唐玄宗李隆基 ▷

之乱”和“马嵬兵变”，杨国忠在马嵬坡的时候被陈玄礼带领军士们斩杀。树倒猢狲散，追随他的那些人也都倒了霉，而张象却毫发无损。

从这个故事中我们可以看出，有靠山其实未必是好事。

今天的职场人可能会有一些误区，误认为靠山就是一切。在工作场合，常常会听见有一些人不知不觉地暗示自己是哪个上司的人。这是什么意思呢？就是说上司是他的靠山，他是有靠山的，你最好不要惹他。其实他们不明白，靠山未必靠得住。

有这样一则职场故事：小张到一家大公司来工作，他对未来充满了希望，觉得通过自己的努力一定会出人头地。但他总是担心，自己这样一个小人物，在大公司里面，上司看不见他，怎么能知道他很努力，很能干呢？

有一天机会来了。小张做了一个策划案，他把策划案交了上去。赵总看过之后，对这个策划案大加赞赏，然后就给小张的部门直接去电，问这个策划案是谁做的。经理说小张做的，赵总就让小张给他打电话汇报工作。

小张将实际情况一一汇报给赵总，赵总对他大加赞赏，并且给小张留了自己的电话，方便以后交流工作。电话撂下之后，小张特别高兴。因为赵总在公司里位高权重，据说是第一执行副总，被这样的人物看上，以后的工作岂不是顺风顺水了吗？而且还给了他直接打电话的机会。“我哪天一定得亲自去拜望赵总，以后我就是赵总的人了，就有靠山了。”小张心里想。

有一天，公司总部派一名老员工来和小张一起到下边分公司做调研。在去调研公司的路上，小张一路上都在和这名老员工滔滔不绝地谈自己的理想，自己的职场规划。这位老员工没有说话，只是听着小张讲，当小张讲完之后，那位老员工说：“小伙子有想法，是挺好的事情。”

到了进行调研的公司，总部派来的这位老员工也是看得多说得少，不断地记，不断地听。等到他跟分公司沟通的时候，小张在外面的办公室，没一会儿，就和分公司的办公室主任聊上了。

小张说："你说他现在刚五十岁就不行了，思维也不行，对于现在新形势也不了解，我跟他探讨职场规划什么的，他似乎也没什么想法，五十岁就这样，真的是可惜了。"

办公室主任没有说什么，只是听着，小张突然神秘兮兮地对他说："你可能不了解我，我是咱们公司赵总的人。"办公室主任听完之后瞠目结舌，看了他半天，说："你是赵总的人啊？"

"对啊，你不知道我是赵总的人吗？他对我可器重了，我都可以越过我们部门经理直接跟他沟通。"

这时办公室主任说："那你知不知道，跟你一起来调研的就是赵总呢？"

小张听完之后，脸色顿时变得煞白。

我们应该思考一个问题，靠山到底重不重要？你不能说它不重要，但最重要的还是你的能力。

说得俗一点儿，上司主要看的是你干活的能力，看你的活儿干得漂不漂亮，不会看你的靠山是谁。你的活儿是给自己干的，不是给哪一个领导干的。只有练成了真本事，你的手中才会有一个金刚钻，才能做瓷器活，你才有了一个永远不倒的靠山。

职场人要"冷"下来

《菜根谭》中也有这样一个提示："冷眼观人，冷耳听语，冷情当感，冷心思理。"这里一连用了四个"冷"，有什么寓意呢？就是说你观察人的时候要冷静，听人话语的时候要冷静，不要轻信轻诺；思考道理的时候要冷静，不要鲁莽冲动；面对情感的时候也要冷静，不能忽冷忽热，死去活来。

“冷”字实际上给职场中的人非常多的启示。

在面对工作任务的时候，在处理人际关系的时候，策划自己职场生涯的时候，我们很容易躁，容易急，容易头脑发热，很容易觉得自己都这么努力了为什么还不见成果呢？领导怎么还看不见我呢？我怎么还得不到提升呢？这时就会处于心浮气躁的状态中，甚至会因为头脑发热做下很多令自己后悔之事，因此降点儿温是很有必要的。

这里，我想到一个词，这个词叫“hold（掌握）住”。简单来说，hold（掌握）住就是掌握得住，控制得住的意思。在职场办公室兵法当中，要掌握住控制住什么呢？最重要的是要控制住自己的情绪。

平时我们大家在相处当中，特别喜欢把人叫作“性情中人”。

大家喝得脸红脖子粗的时候，通常都会说：“我特喜欢你，你是一个性情中人，咱们两个处得来。”应该说这是对人的一种夸奖。但在职场当中是不欢迎性情中人的。什么是性情中人呢？

我们来举个例子，大才子李白就是一个性情中人，用俗话说就是“高兴上天，不高兴下地”。

唐玄宗下诏书召李白进宫，李白得到这个消息，仰天大笑夺门而出，自言自语说：“我辈岂是蓬蒿人。”

在御前待诏的时间里，唐玄宗一高兴就让他来写诗，一喝醉了也让他来写诗，但就是不给他官当。玄宗是非常有政治经验的一个皇帝，知道李白不适合从政，所以他一直不给他实际的职位。后来赐金放还，李白心情极为低落，写下了“欲渡黄河冰塞川，将登太行雪满山”的诗句。

“为什么我走到哪里，哪里的道路都不通呢？既然如此我就不跟你玩

△ 太白醉酒图

了，明天就驾着小舟回海漂流去。”所以，后来就有了“人生在世不称意，明朝散发弄扁舟”这样的诗句。

李白有很高的才华，但是控制情绪能力很差，这叫 hold（掌握）不住情绪。

职场当中 hold（掌握）不住情绪的话，将会带来非常大的影响。

有的人情绪变化过于激烈，就像幅度极大的抛物线。有时可能因为情绪好就变得特别兴奋，别人却会莫名其妙；有时候呢，又像霜打的茄子，仿佛天都塌下来了，其实事情并没有你想得那么严重。这种坏的情绪会直接传染和影响到他人。当人带着负面情绪工作的时候，就会影响到工作效率。因此在职场的管理界，曾经提出过“情绪管理”，如果情绪管理不当的话，就会产生一系列的问题。

比如说，老总今天心情不好，看哪个同事都不顺眼，横挑鼻子竖挑眼，怎么做都不对。合同单子总是签不成，老总心里很窝火。当有个部门经理来了之后，老总劈头盖脸地把他骂了一顿，部门经理也很火，心想：“这个问题有那么严重吗，至于这样骂我一顿吗？”

部门经理回去之后就把下面具体负责这件事的人又骂一顿，负责这件事的人也感觉莫名其妙，特别生气。当他下班回到家，自己的媳妇还没把饭做好，就生气地把媳妇骂一顿，媳妇还挺委屈的，心想：“我也工作一天了，也忙一天了，凭什么我回来就要马上做好饭呢？”

正好这时候孩子进门了，媳妇儿说：“你过来，我看看你书包里有什么。”

拿出来一张卷子，一看只有65分，特别生气，就给了孩子一个大嘴巴。孩子也很委屈：“为什么我这么倒霉呢？在学校里老师看不起，回到家我妈还打我，我的人生还有没有活路啊！”生气地走到院子里，小狗想要和他亲热，被他哐一脚踢得老远，孩子还生气地说：“气死我了，就因为你天天跟我闹，现在我妈都不喜欢我了。”

小狗莫名其妙被踢了一脚，也特别地闹心，走到大街上看满大街的人都不顺眼，这时一个男人走过来了，小狗上去咬了这男人一口。这个男人就是那位老总。

这个故事很有意思，它证明了在职场上如果hold（掌握）不住情绪，如果情绪管理不到位的话，容易产生连锁反应，会影响到一系列的事情。就好像多米诺骨牌一样，以这种不可阻挡之势继续影响下去。

职场人该如何hold住情绪

我们应该如何hold住情绪呢？

不是趁着高兴的时候就轻言许诺；不要存在矛盾和纠纷，就借着酒劲儿撒泼闹事；不要志得满意时就胡作非为，做出一些无法挽回甚至后悔的事情；不要感到疲惫和疲倦了，就轻言放弃。

《菜根谭》的建议是：要善于管理自己各种各样的情绪，只有这样才能做一个理性的人，才能给你的职场生涯带来意想不到的好处，否则就会带来意想不到的灾害。

1965年，世界台球冠军争霸赛在美国举行。有一位选手叫福克斯，是夺冠的热门，他一路表现极佳，具有压倒性的优势。但就在要夺冠的时候，发生了一件很奇怪的事情。

在决赛中，当他俯身准备击球的时候，忽然有个苍蝇就落在了主球上，福克斯非常生气，一挥杆把这苍蝇赶走了。这个动作很搞笑，台下观众哈哈大笑起来。就在福克斯俯身刚要击球时，这只苍蝇又回来了，他特别地生气，又把苍蝇给赶走了。再准备击球，苍蝇再次飞回来了，他又挥杆赶苍蝇。样子非常滑稽，观众被逗得前仰后合。

在如此激烈的冠军争霸赛当中，忽然出现了一个小苍蝇，大家认为很有趣，但福克斯却因此变得特别恼怒，结果因为驱赶这个讨厌的苍蝇而犯规，失去了继续比赛的机会，而跟他竞争的对手却一路急追，最后获得了冠军。

在这样的场合之下，福克斯情绪近乎失控。因为苍蝇的打扰而处于疯狂的状态中，不仅失去了冠军，还失去了宝贵的生命。在第二天早晨，人们打开他的房间时发现了他的尸体，很显然福克斯因为丢了冠军而羞愤自尽了。

所以，能否hold住自己的情绪，是一个非常重要的问题。人只有先能控制情绪，才能办大事。比如美国著名的林肯总统，他就是一个控制情绪的高手。

有一次，陆军部长斯坦顿到林肯的办公室，气势汹汹地说："总统先生，我很生气，有一个上校用特别恶毒的语言侮辱我，还在公开场合下尖锐地辱骂我，我都受不了了，我快要气炸了。我必须要跟你说说这件事情，凭什么上校这么对我？”

林肯听完了说：“这个上校实在太过分了，斯坦顿你要给他写一封信回击他，你要狠狠地骂他，用最恶毒的语言去回击他。”

斯坦顿说好，回去之后就写了一封言词尖利，非常刻薄恶毒的信。然后第二天又来到了林肯的办公室，他带着情绪把这封信念给林肯听，林肯说：“好，你的信写得太好了。”斯坦顿说：“好，我现在就把它寄出去。”

林肯说：“你说什么？你可千万不要寄出去，当你写完这封信的时候，你的气就消了一半了，如果还没消，你就再写第二封吧。斯坦顿先生，请你现在把这封信投到火炉里。”

林肯就是用这样的一招，控制住自己的情绪，所以，他能够在美国非常危难的时期依然肩负起弥合国家的重任。

我们今天的职场中人要学会控制住自己的情绪，hold（掌握）住自己的情绪，成为情绪的主人。一个聪明的职场中人，应该既会调节自己，又会调节周围的环境。调节到什么样的程度是最好的呢？如果37度以上就是高烧，37度以下就是低烧，那么37度就是一个非常理想的状态，叫作“不温不火”“不冷不热”“不急不躁”“不卑不亢”。

在网上，有一种叫“37度女人”的标签：要漂亮但不是漂亮到所有人都淌口水；要有事业心但不能是工作狂；要会理财但不能是财迷；要浪漫但不能太浪费；要脾气好但不能没脾气。总之，“37度女人”简直是就是众多职场“白骨精”们的理想人格之一。

不只是职场当中的女人应该是37度，职场当中所有的人都应该保持这种“37度”的状态。凡事不要过于急躁，不要过于冒进，不要过热，而要保持一种理想恒温的状态。

《菜根谭》当中有好多的话都是在告诉我们，要把握好这样一个不温不火的人生理想状态。比如："清能有容，仁能善断，明不伤察，直不过矫，是谓蜜饯不甜，海味不咸，才是懿德。"

这句话的意思是，清正廉洁但要有包容的海涵，要有海纳百川的心态；要心明眼亮但不能过分地苛求；要性情刚直但是又不能矫枉过正；要心地仁慈而又能够当机立断。

做到了这些才能像蜜饯，虽然是用糖腌制而成，但不会过分地甜。这样不偏不倚的品格和气质才是为人处事的一种美德。

那么，中庸的状态是什么样子呢？有一次孔子去鲁国的宗庙参观，就看到过一种礼器，这个礼器叫欹器，它有一个特点是"虚则欹、中则正、满则覆"。就是它空着的时候就歪着，叫欹；当它里头装上水，装到正好的程度上，它就可以立着，就正了；如果再稍微多一点儿，它就倒了。

孔子就说："这真是一个警示人的利器。"所以后来的时候，清朝住紫禁城里的皇帝身边一般都摆着这种欹器，来警示自我。

这个故事告诉世人，做人也要这样不偏不倚，既不分寸之末也不过犹不及，既努力地做事同时又不过分地偏执，这就是理想的中庸状态。

把持一种不偏不倚的理想状态，才能够控制好自己。而刚才我们说了，一个智慧的职场达人不仅要调节好自己，还要善于做一台空调，调整好整个办公室里面的温度。《菜根谭》当中也有这样的一句话："俭，美德也，过则为铿吝，为鄙啬，反伤雅道，让，懿行也，过则为足恭，为曲谨，多出机心。"

这句话就是说，人做什么事情都要把好一个尺度。比如，勤俭是美德，可是你勤俭过分了，到哪里吃饭都舍不得，同事之间互相请客，达到一个浑融的气氛，你也舍不得，觉得多花几百块钱，心肝疼。

再如，你到什么时候都舍不得花钱买衣服。本来公司需要出席一个非常隆重的场合，需要大家穿稍微有一点儿质量的衣服去来提升仪表，你却穿着廉价T恤衫去了，这也是不可以的。太过分的话你就是吝啬鬼了。

还有“让”。在办公室当中，与人为善，什么都不争，那往后退行不行？这是一个好品行，可是什么事情都退让过度的话，这就过分了。

这是什么原理呢？做任何事情都要掌握好一个度，这样才能掌握好办公室同事互相之间的关系。

人力资源当中有一种刺猬理论，就是说刺猬在冷天的时候要互相取暖，但是不能离得太近，离得太近就互相扎着了，要保持适当的距离。引申到办公室的关系中，叫“密则疏之，疏则密之”。

不要太近，也不要太远，像恒温空调一样，冷的时候就往上调高一点，热的时候往下调低一点，让大家始终处于非常舒适的氛围当中，如此这般，你才算掌握了办公室兵法的窍门。

第七章 职场的压力和动力（上）

压力是一种“宝贝”

在职场中提到压力，总是能够引起无数人的共鸣，由此衍生了“鸭梨山大”等词语，可见压力已经成为现代职场人的日常感受。

现代职场中压力有多大呢？根据某《职场压力报告》显示：在职场中六成以上的人能在不同程度上感受到压力。其中，有八成的人会被焦虑、恐惧甚至是疾病所困扰。由此可见职场压力的威力。

从微观层面看来，每个人都有属于自己的工作和任务，问题和苦恼便会因此而生；从宏观层面而言，许多专家学者都坦言，中国改革开放承受了巨大的压力，因为西方国家用了三百多年进行转型，我们却只用了三十多年就实现了这一目标。三十年完成了三百年完成的任务，这每一年、每一月需要承载多大的压力啊。每个人的梦想都是睡到自然醒，但现实却要求你必须尽早爬起来去奋斗，拖着疲惫的身躯，喝着提神饮料投入到无限的工作之中。而巨大的工作压力就会随之而来，因此，如何面对职场压力就成了问题的关键。

压力影响着整个人的职场状态，会带来诸多始料未及的影响，甚至会变成一种恶性循环。面对压力不仅要学会应对，更要懂得如何将压力变为动力。

每个人都想过没有压力的生活，不用每天早起，不用看同事的嘴脸，不用受上司的气，可以尽情享受美食……压力固然令人生厌，但人生有时候需要通过不同的角度去理解，其他事情也并非都是尽善尽美。所以需要我们树立健康向上的心态，将压力转变为动力。

如果你每天要早起上班，要面对同事讨厌的嘴脸，要忍受上司监视的目光，这些令你无比难受的话，不如静下心来，换个角度去思考一下：至少你现在还拥有一份好工作，同事之间的竞争让你充满激情，上司的鞭策也来自对你的期望。如果上司对你不闻不问，那么你的饭碗是不是快要保不住了呢？

从这个角度来说，当我们换一种视角，压力可能就从讨厌的东西变成了宝贝。

《菜根谭》中说道：“居逆境中，周身皆针砭药石，砥节砺行而不觉；处顺境中，满前尽兵刃戈矛，销膏靡骨而不知。”

很多现代人或许已经不知道什么是针砭药石了，所谓的“针”指的是金属所制的针灸用针，“砭”则是石针。当你在高压下进行繁杂的工作时，总是觉得事事不顺。而事实未必如此。此时虽然你痛苦难过，甚至趋于麻木，但这恰好是中医中各种器械在治疗疾病时到达病灶区的必然感受。

当你感受到痛苦未必就是劫难。正如孟子所说：“天将降大任于斯人也。必将苦其心志，劳其筋骨，饿其体肤，空乏其身，行拂乱其所为，

△ 人生是顺境与逆境并存

所以动心忍性，曾益其所不能。”

如果你每天都感到疲惫不堪，身心俱乏，想象和现实永远相背而驰，或许这就是上天赐予你的机会。天大的压力或许就是宝贝，在前进路上有重要的任务在等着你，辉煌的前程在向你招手。

所以《菜根谭》中才会说要在逆境中保持耐心，或许这便是一剂良方。反之，当你身处顺境，岁月安好的时候，这也未必就是一件幸运的事情。在无形中一些如同兵器般的东西在潜移默化地消弭你的意志，让你在不知不觉中身心瓦解。

在电影《失恋 33 天》里，女主角黄小仙在给客户送婚纱的过程中，突然遭受失恋打击，因此心绪紊乱、情绪沮丧，甚至忘记自己原本的工作任务，带着婚纱回家了。之后，她被老板狠狠地责骂了一顿。面对老板的责骂，黄小仙说了这样的话：“我被骂得很爽、很舒服，因为我知道，如果大老王骂你，那说明你在单位还有留下去的必要。”

由此可见，压力是无处不在的。我们共同生活在地球上，每天都要经历各种各样的事情。倘若没有任何的重力和承压，那便会举步不前。如果在工作上无人约束你，你想什么时候到公司就什么时候到，工作什么时候做都无所谓，结果就是你整个人都变得无关紧要，人生也会走向毁灭。

“鲶鱼效应”带来的启示

在管理学理论中有一种理论叫作“鲶鱼效应”。

在欧洲，沙丁鱼是一种非常受欢迎的美味食物，渔民通过捕捞沙丁鱼可以获得巨大的利益。这其中存在一个问题——沙丁鱼的适应力非常之差。把从海里捕捞上的沙丁鱼放入大鱼箱中，经过一段时间的运输之后，大部分沙丁鱼都死在了运输的途中。

但聪明的渔民很快想到了补救的方法，在沙丁鱼的鱼箱中放入几条鲶鱼，以此来保证沙丁鱼的存活率。为何要如此呢？因为鲶鱼具有攻击性，会吃掉比自己小的，或跟自己体型差不多的食物。对于周围的鱼群而言，鲶鱼的存在无疑给它们的生命造成了极大的威胁。

所以渔民才想到这个方法，让鲶鱼在沙丁鱼鱼箱中形成一种压力。沙丁鱼在被运输的过程中时刻会感受到来自于鲶鱼的威胁，不断地挣扎游走，给生命带来了动力，在抵达岸边之时，大多数沙丁鱼以鲜活的姿态存活了下来。

这种现象在管理学上被称为“鲶鱼效应”。在一个企业内部，如果你能时刻有压力和紧张的感觉，对你而言其实是一件好事。就如同一条鲶鱼在无时无刻地给你的生存造成威胁，让你充满无限的动力一样。

在职场中，需要有鲶鱼的因素才能时刻激发你的活力，激发你的奋斗意识，让你在竞争中时刻保持昂扬的斗志。

压力可以转化为动力，问题的关键是应该如何去应对。当我们转变看待事情的视角时，压力就有了不同的意义。在职场中，压力也成为激发你前进，催促你竞争的动力。

毋庸置疑，压力在某种程度上是一块试金石，你是英雄好汉还是懦夫孬种，都要接受压力的考验。

另外还有一种情况：当今社会存在一个普遍现象，当你在找工作时，周边的长辈会想方设法地动用自己的社会关系，希望能帮你找到一份好的工作。这种让你少奋斗二十年的心态，会引发一系列的反应。长辈帮你找到了工作，还会继续帮你准备房子、准备车。而你呢，只需在工作岗位上待着，按部就班地结婚生子，直至退休，就这样毫无压力地度过了一生。但当你回顾起整个过程时，就会觉得虚度年华，大好的青春都浪费在了安逸舒适中。

安逸平顺的生活不用有太多烦恼，可以脑袋空空地上班，无须为复杂的同事关系费心，无须为完成任务而绞尽脑汁，也不需要殚精竭虑地考虑渺茫的前途。人人都向往这样的人生，但这样的人生永远不知道下一步要走向何处，不知道职业规划要如何设计。生活在安逸中的人无法实现自我价值，无法让人真正了解他的才能，无法实现他的理想和抱负，留下了很多的遗憾。

古语有云："乱世见英雄。"唯有身处逆境，在压力和挫折之中，才能真正辨别出一个人是英雄还是懦夫。就好比在化学公式中，一个物质的分子结构是否稳定，需要通过加入催化剂去辨别。当物质加入了催化剂，依然保持了固有分子状态，才能称之为经得起考验；倘若迅速产生了化学反应，便成了另外一种不同的物质。

《菜根谭》中说道："横逆困穷是锻炼豪杰的一副炉锤。能受其锻炼者，则身心交益；不受其锻炼者，则身心交损。"

"横、逆、困、穷"四个字概括了我们人生中几乎全部的困境和不如意。“横”便是我们常说的“飞来横祸”；而“逆”则是顺的反面，意味着你什么都做不成，事事不顺；“困”是走投无路，是困兽在牢笼中的无奈；“穷”则是穷途末路，一个人在屋檐下弯着腰，无法施展自己的才能和意志。

这便是人生的压力。《菜根谭》在提到人生压力的时候，也告诉人们不要将人生中遭遇的“横逆困穷”当作倒霉透顶的事情，而要将其当作锻炼豪杰的炉锤。

这些“横逆困穷”的东西被比喻为炉锤，成为试炼真金好铁、锤炼英雄好汉的利器，让人在烈火中烧炼。倘若你经受住了这样的磨炼，就会成为有用之才；倘若不能，便会心力交瘁、身心受损，变成一堆废铜烂铁。

《菜根谭》这段话实际上是在告诉我们，生命虽然充满了苦难和厄运，但它同时也是试金石，可以试炼出真正能够经受磨难的人，让压力转化为动力。

如何让压力成为一种“宝贝”

在日本有一个著名的水泥大王，叫浅野总一郎。他年轻的时候，生活捉襟见肘，衣食无法自给。20多岁的浅野总一郎，还一直吊儿郎当地混日子，天天去兄嫂家蹭饭吃。他的这种懒惰让嫂子十分厌恶，而且已经达到晨炊蓐食的程度——在被窝里就把饭吃了。因此，浅野总一郎被人们称为“没用的饭桶”，他就这样一事无成地空虚度日。

直到23岁这年，他离开了家乡富士山，想要去东京闯荡。但他身无分文，只好靠沿路乞讨、在火车站候车室外露宿。遇到好心的火车站管理员，他能在候车室将就一晚，但遇到脾气差的管理员，他就会跟丧家犬一样被驱赶。

▷ 人生好比是太上老君的炼丹炉

一次，在他饿得晃晃悠悠的时候，他艰难移步到一个泉眼旁，用手掬起一捧清凉甘甜的泉水。这时，他心中灵光一闪：与其饿死，不如去卖水算了。

于是，他收集了一些瓶子，将其刷得干干净净，然后装上泉水，来到路边叫卖。这成了浅野总一郎事业的起点，他也赚到了人生当中的第一桶金，为他日后成为水泥大王奠定了基础。每当他回忆起这段经历时，他都会感叹道："人生中所有的不幸和危机都有可能成为你成功的前奏曲和起点。"

浅野总一郎的例子，很好地诠释了"压力并不可怕"这句话。前进的路途虽然艰难，但压力会成为催促你前行的动力，帮助你一步步靠近辉煌的前方。

再举一个例子：苹果公司在乔布斯的带领下，仅用几年时间就成为整个 IT 行业的翘楚。乔布斯和几位苹果公司的开辟者、董事也因此成为亿万富翁，并获得总统颁布的国家勋章。但辉煌背后总有危机，就在冲向顶峰的时刻，乔布斯经历了人生重大的打击——作为苹果公司的董事长，他被董事会解雇了。

当时的苹果公司虽然业绩迅猛增长，但背后仍然存在一些潜在的危机和漏洞。而且，当时的蓝色巨人IBM（国际商用机器公司）正在不断发展壮大。

对于乔布斯的管理模式和方法，董事会内部也存在一定争议。所以，当企业在前进过程中出现问题时，乔布斯的意见并没有得到董事会多数人的支持。相反，大多数人对他的意见表示了反对，并一致决定解除乔布斯的董事长之职。

2005年，乔布斯在斯坦福大学的一个讲座中也提到了这段经历。

他在演讲中说："在我30岁的时候我竟然被炒了，而且是在众目睽睽下被炒了，这对我的人生而言是一次重大的打击。"

乔布斯在被炒后的很长一段时间里，意志消沉、身心疲惫，他无法想象自己一手缔造出的苹果帝国竟然开除了自己。

但消沉只是暂时的，作为业界的英雄，乔布斯很快调整了过来，对自我进行了新的认识和评估，并重新开了两家公司。当回忆这段经历的时候，乔布斯在演讲中说道："当初被苹果公司炒鱿鱼，是我这一生当中最棒的事情。"

试想一下，如果乔布斯没有被炒鱿鱼，也许他就不会花费精力、花费脑力去思考；也不会拓展思路，东山再起，创造出更多的辉煌。

在这之后，乔布斯创立了最大的电脑动画制作室，制造出了当年在迪士尼动画创造票房纪录的《玩具总动员》。不仅如此，在他人生的低潮期，一位优雅的女士走入他的人生，跟他并肩作战，成为终身伴侣。患难见真情，更显得这段感情弥足珍贵。

时过境迁，乔布斯说："生活总是这样，会在你不经意的时候，志满意得的时候，拿起一块板砖猛地向你的脑袋上拍去。在这个时候不要气馁，也许这块板砖是金子做的。"

△ 人生如履薄冰，如临深渊

这便是乔布斯对自己人生的总结，是他痛定思痛后的彻悟。如果乔布斯没有在被解雇后及时调整自己，没有在他热爱的行业上继续坚持，就不会又出现两家传奇的公司，不会有新的产品问世，更不会有知音相伴终生。

《菜根谭》中说道：“欲做精金美玉的人品，定从烈火中锻来；思立掀天揭地的事功，须向薄冰上履过。”

将压力转化为动力，首先要了解摆在压力前面的究竟是什么。是高贵完美的品质，还是顶天立地的事业？唯有知晓前方是什么，才能成功顶住压力，将其转化为动力。也唯有如此，才能经受住薄冰的锻炼，最终成就一副钢筋铁骨，炼就一双火眼金睛。

第八章 职场的压力和动力（下）

职场中是“伤不起”的

“伤不起”这句话，被广泛应用于歌曲、动漫和人们的日常话题中。“伤不起”的出现，其实反映了现代人的通病——特别容易受伤。

“伤不起”还衍生了一系列与受伤相关词汇，例如“治愈系”。电影、音乐都纷纷挂上“治愈系”的名头，以此来博取眼球。

“治愈”实际上就是在一个人情绪不佳，不想和外界沟通的情况下，通过看一场电影或者大哭一场，寻找一种自我发泄的途径，让自己心情舒畅。

这便是“治愈系”的有趣之处，它从一个医疗用语延伸到我们生活之中，存在于生活的方方面面。“伤不起”同样如此，情场伤不起，我为爱付出全部心血，你却只是一笑而过；考场伤不起，我十年寒窗，最后却名落孙山。

新闻曾报道过这样一件事情：在高中阶段，家长会给孩子疯狂地进行补课。而进行补课的培训机构声称，能够让孩子的成绩在考前很短的一段时间内大幅度提升，完成整个课程能够实现成绩的三级跳。当然这样貌似有着惊人效果的补课价格也相当惊人，仅仅补习半个月左右就要花费接近8万元。

实际效果如何呢？很多孩子完成了全部补习课程，考试的分数依然"伤不起"。而家长们的情感也因此受到打击，看着孩子的分数痛哭流涕。

这是生活的伤不起。在职场上同样伤不起，因为职场就是人生的角斗场。

在跆拳道之中，最高的级别叫作黑带九段，这不是一般人所能达到的高度。达到九段的人，必须经过无数次的摔打和数不清的伤痛。在经历整个磨炼的过程之后，身心都能够呈现出一种臻于完美的状态，能够经受住来自外界的干扰和考验。

达到黑带九段的过程，其实就是人生境界提升的过程。这和职场的奔波奋斗一样，要想在职场中混出名堂，就必须有一个明确的目标。树立目标容易，实现目标却不是件容易的事情。

微软公司曾经有一个员工以比尔·盖茨为目标，将自己想象成比尔·盖茨，总是在各种各样的场合中模仿比尔·盖茨，他不仅在形态上模仿，也在思维上要求自己能够成为比尔·盖茨那样的人。

这是让人敬佩的想法，却不是一朝一夕就能实现的。想要达成目标，就必须要做好受伤和克服伤痛的准备。你不仅要能够挺住，还要培养治愈自己的能力。在伤痛被治愈之后，不要让它成为痛苦的记忆，而是成为生命中快乐的一部分。在职场的拼搏中，受伤是无可避免的事情，因此必须学会面对伤痛、治愈伤痛和超越伤痛，最终将伤痛变为快乐。

职场是一个江湖。想要在这个江湖中出人头地，就避免不了刀光剑

△ 人生如耕牛，辛苦自知

影。不流血受伤，就无法完成一个侠之大者的人生历程。

天下没有白吃的午餐，在职场之中更是如此。职场这顿大餐，不会因为你的意志而转移，无论你想吃与否，都必须咽下去。

很多时候，我们都不会刻意避免这种辛苦劳累，可总会觉得，不如意的事情越来越多。例如，高校老师评职称，一年比一年难，条件越来越苛刻。本来已经做好了评教授的准备，因为政策的变更，条件欠缺，需要再多准备几年。又如，你做了万全的准备，有辉煌的业绩，出众的才华，却抵不过某些人的“裙带关系”。

种种迹象表明，职场中经常会出现一些让人始料未及的问题。每当面对这些突如其来的问题时，我们的内心便会产生一种受伤的情绪，然后对整个职场都产生怀疑。

如何应对职场中的“伤不起”

我们在前文中提到了职场中出现的各种“伤不起”，让人身心疲惫，心力交瘁，甚至让人产生了放弃的念头。但生活总是不容易的，职场生涯还要继续，我们要通过各种办法来应对职场中的“伤不起”。对于这种情况，我们又该如何做呢？

《南史》中曾经有一段关于范缜和梁武帝对话的记载。

梁武帝说道：“人生如何呀，人生到底是什么？”范缜答道：“人生呢，其实有的时候具有极大的偶然性。就好像一阵风吹来，吹落的花瓣随风飘洒，有的花瓣就落到了雕梁画栋之上，落到了锦衣玉食之上，有的就落到道边的水坑里，有的甚至落到粪堆里。”

《菜根谭》说：“人之机遇，有齐有不齐，而能使己独齐乎？己之情理有顺有不顺，而能使人皆顺乎？以此相关对治，亦是一方便法门。”人生总是如此，它不会有绝对的公平，人的心情、状态也不会一直处于顺遂的状态。这便是人生的常态。倘若从这个角度出发，便为自己开启了一扇方便法门，所有的事情也就迎刃而解了。

有时候，人会作茧自缚，将自己关在狭小的屋子之中，转来转去走不出来，久而久之便开始绝望、自弃，整个人生就此坍塌。《菜根谭》给予了我们一种新的视角，让我们为自己的封闭小屋开启了一扇门。

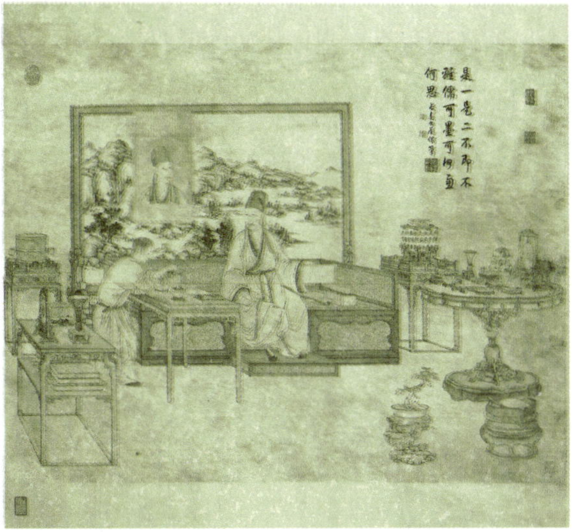

▷ 人生切勿作茧自缚

《菜根谭》告诉我们：人生有许多的不一致、不平等，机遇也无法成为均等的事物。关键在于你自己如何去应对，如何去为自己的人生买单。

有这样一个小故事：幼儿园为了锻炼小朋友的能力，特意组织了一次野外住宿的夏令营。这场活动要求父母不能陪同。在启程前的晚上，幼儿园组织了一次抽签，有的小朋友抽到了王子，有的抽到了公主，还有的抽到了女仆、花匠。老师规定，抽到什么角色就要在第二天的夏令营中扮演什么角色。

第二天，有的小朋友穿着美丽的小花裙扮演公主，有的小朋友穿着破旧的衣服扮演女仆。所有的小朋友都融入到自己的角色中，各自扮演着不同的角色。但是不同的是，抽到公主、王子的小朋友志得意满，对自己的角色很满意，而抽到花匠、女仆的小朋友则心存怨气，觉得整个夏令营糟糕透顶。到了晚上，再次进行了这个游戏，但游戏规则发生了变化：如果你白天扮演的是一个和善礼貌的公主或王子，那么你可以继续你今天的角色，如果你扮演的是嚣张跋扈、仗势欺人的公主和王子，在晚上就要扮演女仆、花匠，而快乐尽责地扮演女仆、花匠的小朋友则可以晋升为公主和王子……

这样的游戏规则，让大家的身份都有一定的调整和安排，这个游戏规则一直持续到夏令营结束。当夏令营活动结束后，家长们惊奇地发现，自己的孩子发生了巨大的变化。

这就是夏令营所要达到的目的，它仿佛是我们人生际遇的缩影。我们无法决定自己出生的家庭，无法确定自己的未来。出身由不得自己选择，但人生的际遇却能够通过自己的努力达成。

也就是说，每个人都能把握自己的当下，能够面对充满伤痛、让人沮丧而又不如意的职场生活。

在职场中受到的伤害，分为主动受伤和被动受伤。

主动受伤，就是对自己缺乏严格约束。比如，本来要求八点上班，你却因为自己的拖沓，八点半才出门，耽误了整个工作进程。这时的加班问题，就是你咎由自取的。当问题出在自己身上时，上司的批评、同事的厌恶都成了理所当然。这时的你是没有权力去抱怨的，更无法升职加薪。

那么，何为被动受伤呢？其实就是指人生中，有太多不可预期和无法预料的事情。换言之，人生有太多我们无法左右的因素。例如遇到脾气暴躁、动不动就发火骂人的上司。他当着全体人员的面让你做个批评检讨，你心情的糟糕程度是可想而知的。一想到上班，就像被灌铅一样无法挪动，可即便如此，依然要继续工作。这些莫名其妙的非难，都是所谓的被动受伤。我们都是分母，而分子才是决定伤害的关键。

人生就是如此，当你无可奈何之时只能选择接受。

明枪易躲，暗箭难防

职场中，不仅有主动受伤和被动受伤，还有明枪和暗箭。

明枪就是摆在台面上的问题，对错、问题、态度都是显而易见的。这些直白的指责，能成为你改进的方向。在职场中，如果因为明枪而受伤，其实是不幸中的万幸。因为你知道为何受伤、伤在何处，这样才能知道如何去治愈。

暗箭则是最难处理的伤害。正如老话所说："明枪易躲，暗箭难防。"许多人都有过类似的经历。有时候，我们不知道自己做错了什么，却无缘无故地遭遇到了谴责。历史上的岳飞就是如此，承受了过多"莫须有"的罪名。我们无从知晓自己为何会处于这样的境地，找不到明确的原因，又逃不出沉沦的旋涡。

有一幅特别有意思的漫画：两个政客热烈拥抱，在拥抱背后，一个人手拿着刀，另一个手里拿着枪。很多时候就是如此，看上去其乐融融的事物背后，往往隐藏着钩心斗角。

当你中了不知名的暗箭之时，也会有苦难言。所以，才会有人在倒地的瞬间，还微笑着面对对手，感谢他赐予自己解药，却不知道这一切都是对手的计谋而已。在职场江湖中行走，保全自己并不是一件容易的事情，即便你有金钟罩铁布衫，依然可能会暴露自己的死穴。

作为一名职场的小职员，已经如此步履维艰。身为老板，所要面对的磨难会更多。

在职员眼中，老板的生活不过是约客户打个高尔夫，喝个咖啡，去个会馆，一副安然自得的样子。但事实并非如此，员工并不知道老板的真实样子，不知道老板身后的心酸。

《穷人缺什么》中，有一句非常有意思的话："为什么有的人总觉得自己起不来，总觉得自己是穷人，艳羡那些能够站在高位上的人，那些能够大把赚钱的富人。但其实富人成为富人的路途并不容易，每个人都有一本自己的血泪史。就好像在拳击赛场上，当两个人防御攻击力相近之时，比的便是抗击打的能力。谁能经受打击，谁能忍受伤痛并且坚持到敌人倒下那一刻，那谁就会成为胜者。其实很多老板便是如此，从拿到人生中第一桶金到成为业界大亨，中间要经历无数次的摔打。"

奔波在职场中，或许你会觉得老板过得更好。但事实上，我们并没有看到老板风光背后的血泪史。他们并没有一个打工仔活得轻松，打工仔可以自主选择自己要在哪干，可以潇洒地说出："此处不留爷，自有留爷处。"

对于老板而言，则是"开弓没有回头箭"，他的事业、公司都是自己的，从开始便有无数的费用和责任要承担，还要面对各种各样的压力和风险。

这是一种本质上的殊途同归，不论你处于哪个职位，经历的职场人生都是一样的。倘若你想毫不费力、毫发无伤地达到目的，那无异于天方夜谭。老板在面临问题时，必须自己坚守住阵线，因为没人会怜悯你的处境，更不会降低对你的要求。大部分老板也没有过着出入高端会所的潇洒生活。

我曾接待过一个中国台湾访问团。其中有位女士，是一个大企业家的助理。这位女士给我分享过这样一个故事：她的老板富可敌国，但是他在外出吃饭时从来不会浪费，只要够吃就行。甚至会将剩下的白米饭打包，带回家给自己的母亲熬粥喝。

没有人能随随便便成功，正如登上珠穆朗玛峰的那一刻，全世界都在为登山者祝贺。那一刻红旗飘扬，万众瞩目，可在人们欢呼的背后，是登山者每一步攀登的艰辛，无数次缺氧的困境以及队友付出的鲜活生命……这些都是别人所不知晓的。老板的人生便是如此。

《菜根谭》中说道："一苦一乐相磨练，练极而成福者，其福始久。"在前行的路途中，痛苦的折磨与幸福快乐的体验始终纠缠交织在一起。在这个过程中，唯有像那些业界大佬一样磨炼出境界，才能让福气得以长久。

天上从来不会掉馅饼，世间也没有免费的午餐。没人能在白日梦中成为顶级企业的CEO，更不可能一夜之间就成为富甲天下的财团老板。幻想不可能成为现实，唯有努力才会有结果。

第九章 职场上的修行与享受

职场中，痛苦和快乐并肩前行

《痛并快乐着》是白岩松的一本著作，在这本著作中，白岩松很好地诠释了什么叫“痛并快乐”。

“痛并快乐”这个词，很好地描述了职场生涯的种种经历，很好地形容了快乐和伤痛相互交织、苦乐参半、酸甜苦辣咸五味俱全的一种感觉。

用古语“为稻粱谋”来形容每个人面对的工作最为贴切。关于工作这件事，有人认为它就好比是安装在电脑里不能卸载的一个程序一样，我们必须要承担工作中的各种东西。

在工作中，有一种症状叫“假期综合征”。拿教育工作者来说，当假期来临时，总会感觉到不适应。没有了具体的工作任务、具体的课程、具体的压力，忽然间觉得没有事情干，心里发慌，身体也觉得不舒服。

过了几天之后，就开始变得舒服，适应了安逸的状态之后，不舒服

△ 人生辛苦，为稻粱谋

也随之消失。当临近上班之前，不舒服的感觉又会重上心头。对于即将到来的工作感到恐慌和紧张。由此而产生了一个名词叫“不可卸载的职场之痛”。

那些需要放下，却没有放下的时候，我们就会产生这样的恐惧。当这种恐惧产生的时候，我们应该如何应对呢？有句话叫“任意兴作为者，随作则随止，岂是不退之轮；从情识解悟者，有悟则有迷，终非常明之灯”。很好地诠释了我们应该如何对待这样的恐惧。

对于事情的理解，有一种说法是“兴趣是最好的老师”，还有一种是“师傅领进门，修行在个人”。两种不同的理解其实都是建立在“爱”的基础之上，选择你所爱的，就是一种最理想的状态。

怎样才算是最理想的工作状态呢？喜欢，有干劲，心情好，这就是一种比较理想的工作状态。但现实生活中，总是天不遂人愿，这种比较理想的工作状态不是每个人都会有的。做到爱你所选择的，这也是一种比较好的工作状态。就像你的兴趣爱好是音乐，但是现在你必须做一个美术编辑，这个时候你应该怎么办呢？

有一位老友，是某单位的主管领导，他回忆起自己几十年的职场之路，得出这样一个工作经验：当你从事自己不喜欢的职业时，要不断地调整自己的状态，做到在其位，谋其职。因为工作不仅仅是靠兴趣与爱好就能支撑的。

他不善言辞，领导却安排他做办公室主任。他只能努力克服自己的缺点，发挥自己的长处来完成工作。很多自己不知道的事，就向老同志请教，力求做好工作的每一个环节。当真正遇到问题时，他也从不推卸责任，而是尽心尽力地完成。通过自己的努力，他成功地驾驭了办公室主任这一职责。

《菜根谭》中说："终非常明之灯。"其意就是如果你无法坚持的话，就做不长久。工作不是一个玩笑，是一件庄严而神圣的事情，需要每个人拿出认真严谨的态度去对待，需要尽职尽责地完成。

米兰·昆德拉写过一本书，叫《生命中不能承受之轻》。大意是，主人公认为生命中需要背负的东西太多，工作、家庭和社会责任等，这些让人感觉压力重重，疲惫不堪。所以他做了一个实验，将人生中许多重负荷的东西都丢掉，抛弃带来压力感和责任感的事物，只留下"轻"的事物。也就是说，不需要去工作，更不需要负责任，只做一些轻松的事情。

当他做了所有自认为"轻"的事情后，却丝毫没有感受到快乐，反而觉得无比的空虚和无聊。这让他意识到，生命中的"轻"也是不可承受的。换言之，就是"走远路必须挑担子"的意思。

孔子说："士不可以不弘毅，任重而道远。仁以为己任，不亦重乎？"在职场中同样如此。

台湾东培公司董事长陈派林，在其企业管理中树立了非常明确的理念。其中最重要的一点，就是所有的员工都要将工作当作是一种责任和追求，而不能简单地当作兴趣爱好。因此他提出了以下几点要求：

其一，我是为了职责和理念，为了追求我理想的生活来上班，而不是来闹着玩的；

其二，我的薪水是我客户对我努力工作的认可，是客户购买我们产品的报酬，而不是我们老板给我的；

其三，工作便是我的职责，我必须心平气和地在岗位上工作，不能够凭着自己的性子来。

这样的理念贯穿在他整个企业文化之中，而他的企业管理也一直处于一种严谨有序的状态之中。每一个企业职工都以极其负责、严谨的态度去面对工作。其实这样的理念适用于任何一个职场，任何一个企业和团队。

所有的工作都不是玩笑，不能想玩就玩，想散就散。而是要把它当作一件认真严肃的事情去对待，要全身心地投入到工作中去。

工作其实是一种修行

或许有人会疑惑，倘若工作不是玩笑，那它到底是什么呢？其实，工作就是一种修行。提到修行，人们首先想起的便是苦行僧，脑海中勾勒出一个深山老林之中，常伴青灯黄卷的老和尚形象。但这并不是真正的修行。

《菜根谭》中经常融入中国儒道释的智慧，在中国的佛教领域中，影响最为深远的便是禅宗。禅宗对于修行作出了定义：修行无须脱离穿衣吃饭、柴米油盐，日常生活的种种皆可成为修行。这便是不离世的修行，是一种真正意义上的、常态的修行。

《菜根谭》中有这样一句话："出世之道，即在涉世中，不必绝人以逃世。"

◁ 小隐隐于野，大隐隐于市

人每日被俗事淹没，在太过物质、太过现实的世界中疲于奔命，从而想要超脱这样的世界，希望能够以一种清新脱俗、高屋建瓴的态度看待世事。但《菜根谭》却告诉我们：追求超凡脱世的理想无错，但无须逃离俗世。古语有云："大隐隐于市。"真正的隐士，是内心的归隐，并不需要真正逃离人群和世俗的社会。

人无须通过外在形式去证明自己存在的价值。唐代的茅山宗中有一个叫司马承祯的著名道士。一次，他来到京城，路人问他："你隐居何处？"他答道："我在茅山。"路人又问："为何你不去终南山呢？你看终南山就在京城旁边，皇上想要召见你，也无须跑到遥远的茅山。只要一被召集便可出来做官，享受荣华富贵，这样不是很好吗？"

司马承祯微微一笑，答道："在我看来，这不过是通往官场的一条捷径，并不是真正地想隐居。就如同姜太公钓鱼一般，钓的不是鱼，而是周文王，是希望出世去成就自己的大业。"

《菜根谭》告诉我们，真正的修行无须专门出家，因为倘若你不想修行，即使身在深山老林，内心也依然有诸多牵绊。在现实生活中，所有人都无法脱离工作，无法离开柴米油盐。而这样的日常生活才是涉世的修行，因此我们才说工作也是一种修行。

怎样才能真正在工作中修行呢？禅宗上的故事能够给予我们启示。

很久以前，有两个禅学修为极高的师傅，一个是圆律法师，另一个是大珠禅师。

圆律法师问大珠禅师："你修行吗？"

大珠禅师答道："我修行啊。"

圆律法师又问："你怎么修行啊？"

大珠禅师："饿了就吃，困了就睡。"

圆律法师对此疑惑不解，所有人都在做的事情，又怎能称为修行呢？大珠禅师并不认同这一点，他认为这看上去不过是日常生活，对他而言却和众人是完全不同的。因为他人总是在"吃时不肯吃，百般思索；睡时不肯睡，万般计较"。

所谓"吃时不肯吃"，就是嘴里在咀嚼食物，但却没有思考任何关于食物的问题，而是沉浸在思考之中；而"睡时不肯睡"，则是在睡梦中依然思索那些未完成、未完善之事。 而大珠禅师则是在该吃饭时吃饭，该睡觉时睡觉，该做事时做事。因为足够专注，所以即便只是一碗普通的白米饭，他也能食之如饴；即便只是平凡的白开水，他也能品出甘甜；即便睡在草席上，他也能进入甜蜜的梦乡。因此，大珠禅师才会说自己的修行并不是日常生活。这才是真正意义上的"饥来吃饭，困来即眠"。

这样的事情看上去无比简单，但却不得不承认是一种真正的修行。这种理念不仅适用于佛教之中，在职场中也曾被提及。被称为日本经营之圣的稻盛和夫就提过这样的理念。

他喜爱佛学，喜欢中国古典典籍，并在其中找到了自己的人生理念和企业管理理念。稻盛和夫提出"精进"二字，倡导每日认真修行的理念，并希望在修行中有所超越和提升。他还提到在现代化的、高效率的工作中也应该奉行这样的理念。

有人会疑惑，为何我们要研修佛法，为什么要拥有宁静安适的心境？事实上，我们可以将生活和工作这两件事情完全剥离，正如稻盛和夫所说：“当下便是最好的修行现场。”

当我们身处工作之中，面对一项重要任务之时，什么才是最好的状态呢？答案便是当你身处在忘我境界之时，如若总想着自己有多么不如意，总想着自己还要面对多少痛苦，就不能全身心地投入，无法忘我地工作。只有全身心地投入工作中，才能获得无尽的体验和快乐，才是真正的修行。

让工作成为一种享受

心性能在不知不觉中得以历练和提升。正如很多人不认为工作是一种修行，是因为他们身心并未完全投入其中。许多人的工作状态都是“上班看着点，下班盼着点”。对待工作，总是持有一种“混”的心态。

你不能全身心投入工作，就无法感受其中的乐趣。就比如，在电影院看电影，巨大的屏幕和优质的音效会让你立刻投入到电影当中，整个思维都跟随电影的节奏进行，达到忘我的境界。只有这样，你才能跟电影中的人物同呼吸、共患难，才能和他们一起哭一起笑。回顾这段观影过程时，你会感受到愉悦，这便是忘我的功劳。

很多影视明星也是如此，有时，他们会沉浸在自己扮演的角色中无法自拔，这种无法出戏的状态，就是身心投入的状态。倘若我们能如此对待工作，工作对于我们而言便不仅仅是一个任务，一个增加资历和经验的机会，而是一种历练和修行。

工作同时也是一种享受。这似乎和修行相悖而出，人们印象中的修行总是苦涩而艰难的，是和享受完全相反的。把工作看作是一种修行，尚且能得到大多数人的认同，把工作当作一种享受，则会受到很多人的质疑。

事实上，工作的确是一件痛苦的事情，似乎跟享受毫无关系。曾有一个段子生动形象地描绘了上班前的艰难起床状态。段子的内容是这样的：“被窝里面看着表，舒服一秒是一秒。”

如此煎熬的状态，和享受又有什么关系呢？人生的大多数事情也都是如此，当你必须承受之时，与其难受不如享受。工作从来不是玩笑，不是能够被我们的意志所左右的，而它是磨难还是享受，和自己的态度有着至关重要的关系。

《菜根谭》中说：“了心之功，即在尽心内。”了悟心灵的智慧，无须绝望灰心，只要尽力就够了。

有人一生都浑浑噩噩地度过，幼时如同父母手中的提线木偶；成家之后又成了“妻管严”；在公司跟随老板的指令，按部就班地过活。而有人则活得很有智慧，超然而快乐。正如《菜根谭》中所言，了悟心灵的智慧无须参禅打坐。不是系统地学习就能够获得的经验，也不是你考取了多少资格证、读过多少书、掌握了多少修行的方法能够决定的。只需尽心就已足够。

我们无须刻意去藐视功名利禄，更不能用无欲无求作为消极怠工的借口。让自己心如死灰地活着，并不能避开外界的所有纷扰，正如《菜根谭》中所说，只要尽心尽力便能够在不知不觉中了悟智慧。

其实许多人都有一个共性，会在无意中将目的当作最为关键的标准，而忽略了行进的过程。就比如，当你特别在意能否达成这份合作，特别在意能否获得这个职位、这个职称时，就忽略了整个过程中的努力。

生活是一场旅行，而不是一个目的地。当我们把天平无限向目的倾斜时，当我们达到目的之后，就会感到无限空虚。如同我们在登山的时候，总希望自己能登上山顶，当我们竭尽全力问鼎山巅时，又会感到无比失落。因为走上顶峰后，无论朝哪个方向走，都只有下坡路。

回头想想这段登山的时光，沿路的风景，攀登过程中的走走停停，以及抬头望见的湛蓝天空，轻抚过的微风，路边跳出的可爱小动物都会成为生命中不可替代的体悟。这些过程会成为心灵的认知，让我们感受到旅途中的快乐。这便是在工作的过程中享受人生。

我们经常戏谑中国人的旅行：“上车睡觉，下车拍照，问啥啥也不知道。”这不过是一种只在乎目的不在乎过程的行为。这是生活中的旅行，而工作中的旅行又是怎样的呢？工作过程中，我们应该关注自己的内心，体味过程中每一个细小的心灵颤动，让每一个细节都成为丰富人生的积淀。

当你老去那一天，坐在摇椅上回味曾经的生活，你会觉得自己拥有了无价之宝，内心变得丰盈无比。

△ 绝好风光在旅途

下篇

有事常如无事时

第一章 职场苦乐经

掉进井里的驴

不同的人，对待受伤的反应都是不一样的。

有的人受了伤，会觉得非常难过，会怨天尤人，产生非常极端的情绪。他们总去看自己的伤口，不断产生悲哀的人生感悟，觉得自己的人生太不如意。其实，本来没有那么大的伤痛，也会随着你的悲哀，变得越来越深，越来越大，最后成为生命中深深的一道疤。

还有的人，在自己受伤后会觉得愤愤不平。为什么受伤的是我，而不是别人呢？于是就把刀拿出来，再去伤害别人，导致了一个恶性循环。

而有的人，不会把它变成生命中难以抹去的印痕，也不会愤愤不平地再去伤害别人，而是找到适合自己的治愈系，把伤疤变成人生宝贵的财富。

我的一个朋友曾这样说过：“走在树林里，到处都是长满节点的粗壮树干。树受到的割伤越多，它的节点就越多。这些节点，就是树历经风雨磨砺，变得越来越坚硬的印证。这些节点，会变成树身上最坚硬的部分，也变成了树身上最宝贵的财富。就像那句话：“凡事皆有可能发生，最重要的是，你对事情有什么样的态度。”

受伤总是难以避免的，关键看你怎么样对待它。就比如，当你掉进井里的时候你要怎么办呢？

有一头驴，不小心掉到一口枯井里，井很深，没什么水。驴子费尽心思，想爬上来，却怎么也上不来。主人闻声赶来，想尽办法也没能把驴弄出来。

主人思来想去还是一筹莫展。最后痛下决心，既然这驴子救不上来，还不如找几个人帮忙把枯井填死。如此一来，避免了驴子遭罪，也避免了其他人再落入枯井当中。

土一锹一锹往枯井里填，刚开始的时候，驴子还不知道怎么回事，只是不断哀鸣嚎叫。填了几锹土之后，它忽然明白是怎么回事了，于是十分伤心，开始四蹄乱刨。

过了 段时间，驴子突然不叫了，它开始镇静下来，不断地抖落自己身上的土。抖落之后，它就踩到上面。在众人一锹一锹加土的过程中，驴子脚下的土也越积越高。最后，它一跃而出，蹿出井口跑回家去了。

在职场生涯中，如果你已经受伤了，就要及时地处理伤口。在生活中，如果我们被割了一道口子，刚刚包扎完的时候，一定不要轻易乱动。因为你动的幅度越大，伤口越容易裂开，你就越痛苦，而且伤口也难再愈合。

这就好比，如果已经掉进沼泽里，就不要再折腾，因为你可能会陷得越来越深。这时候我们应该怎么做呢？我们应该做的是静观时变，慢慢地等待，修养自己的身心，这样时机就会在不经意间出现。就像太极

◁ 道家讲清静无为，伸即是屈

的云手一样，有时候，你不需要使劲折腾，而是需要慢慢地顺应并且调节自己。

就像《菜根谭》里面的一句话：“天之机缄不测，抑而伸，伸而抑，皆是播弄英雄，颠倒豪杰处。君子是逆来顺受，居安思危，天亦无所用其伎俩矣。”

这段话里，“机缄”就是开关的意思。我们的人生境遇，就像一个老天爷的开关，说不上是怎么回事，就是随机状态，一会儿开了，一会儿关了。开了就是顺畅，关上就是挫折。

有意思的是，老天爷的机关是什么样的，我们不得而知。机关运行的奥秘，叫“播弄英雄，颠倒豪杰处”。这就像动物界里面的老鹰，如果它抓到一只老鼠，觉得非常得意，猎物已经在自己的掌控中，无须再担心什么了，先戏谑一番吧，于是把老鼠拨弄来拨弄去，就是不吃它，等到玩尽兴了，再吃掉它。

有人感慨世间所有的一切，不过是老天爷手中的玩物。很难把握命运之手，因为它总是会让你在不知不觉之间一落千丈，又在不知不觉之间直上九霄云端。而一个有智慧、有才德的人，是如何面对命运的戏弄呢？他们会“逆来顺受，居安思危”。

“逆来顺受”四个字从字面上来看，是窝窝囊囊、硬着头皮挺着的意思。有的人可能会说：“这样也太没有出息了吧？”如果你仔细品味的话，事实并不是如此。

“逆来顺受”等待的其实是一个时机，经过不断地修炼，不断地等待，这期间虽然经历无数的磨难，却能达到四两拨千斤的结果。

“居安思危”，就是在安逸的时候，也要考虑跌入低谷应该怎么办，出现意料之外的事情应该怎么办，时时刻刻都做好应对的准备。如果你这样做了，即使是老天爷有再多的机关，有再多的招数，对你也无济于事。

每个人的人生，都会发生很多无法预料的事情。我们到寺庙去的时候，大多数人心里都会默念：“佛祖保佑我人生一帆风顺，万事皆成，财源广进，家人美满幸福。”

可现实生活中，没有人能一辈子永远平安幸福。当你掉到井里上不来的时候，当土块不断压到你身上的时候，你应该像那头驴子一样，慢慢地寻找一个时机，慢慢地提升自己，最后一跃而出。

我们要做一个快乐的人

人生的种种历程当中，始终伴随着“痛并快乐着”的心态，每个人的工作经历不是为了痛，而是为了快乐。那我们应该如何达到一个快乐的状态呢？

想要获得快乐的状态，就必须经历一个痛苦的过程。就好像那句古诗一样：山重水复疑无路，柳暗花明又一村。有时候，你在黑暗中摸索了很长时间，似乎已经没有出路了，却忽然峰回路转，出现了转机。

快乐的过程就像《菜根谭》中所说："乐处乐非真乐，苦中乐得来，才是心体之真机。"既然我们想要达到一个快乐的人生状态，就得明白快乐是怎么来的。《菜根谭》说"乐处乐"，如果你想不吃苦不费力就能每天都莺歌燕舞，每天都有鲜花掌声，认为这样就是快乐。这是不可能的事，也不是真正的快乐。

什么才是真正的快乐呢？

我们都有这样的体验，小的时候快乐来得特别容易。例如，在幼儿园里面做游戏。老师说谁做得好，奖励他一块糖。当你得到这块糖的时候，你就会感到非常的快乐，会觉得这块糖非常甜，想着想着，就会哈哈大笑起来。

渐渐地，你会发现快乐越来越难。在工作中，你会发现笑容离你越来越远，我们的物质生活不断提高，我们的幸福感却降低了。

有的人喜欢喝苦茶，是喜欢它的苦吗？是喜欢它的涩吗？不是的，而真正会品茶的人是什么样子呢？他们会有一种苦中回甘的感觉。就是在冲到第二味、第三味的时候，它会慢慢地在你的舌根渗透出一点儿甘甜的味道。这时，你会觉得在诸多苦楚当中，这一点点的甘甜是如此的珍贵，令人回味无穷。我们的人生也同样如此，就像《菜根谭》里说的，苦中乐得来。

你的快乐，不是轻易得到的，需要经历一番辛苦的历练，经历一些努力，经历一些痛苦伤痛才能得来。这样得来的东西你才觉得有分量，物超所值，是你真正想获得的，才能让心灵得到，才能获得快乐。

在生活当中，有的家长总是会让孩子学习各种各样的技能，以便将来能取得更大的成绩。比如，他们看到奥运冠军孙杨站在领奖台上的时候，就会马上让孩子学习游泳，希望孩子也能取得这样的成就。

其实，我们只是看到了领奖台上鲜花铺满、掌声四起的一瞬间，并不知道这背后的心酸。无论是体育明星还是影视巨星，绝对不是简简单单就能站在台上享受那一刹那的。有一句话说得好：“台上一分钟，台下十年功。”我们平常学游泳，能在水里面浮起来不沉下去就可以了，但专业选手却是不一样的。

奥运赛场上的每个选手，他们举手投足间展现出的专业范儿，都不是轻易得来的，是靠数十年如一日地坚持得来的，是靠汗珠子掉在地上摔八瓣的辛苦得来的。每个动作背后都是肌肉的酸痛，伤口撕裂的痛楚，教练严厉的批评。经历了这些，才能站上冠军的领奖台，才能享受鲜花和掌声。

所有的赛场上，真正的金牌得主，真正的运动员，一定是经历过所有的敲打和考验，最终才能够站在赛场之上。

再如，一位歌手，可能靠一首歌曲就成为巨星，红透半边天。那他是不是经过包装炒作实现的呢？在市场经济下，会出现这样的情况。但时间能证实一切，经过时间历练所留存下来的，都是精品。如果是靠自己实力得来的，那会在长久的时光中闪烁着耀眼的光辉。

而那些经过炒作，经过包装的小明星，忽然星光闪烁，忽然如焰火一般划过长空，消逝不见。所以就像我们曾经说过的，天下没有白掉的馅饼。

《菜根谭》告诉我们：“世人以心肯处为乐，却被乐心引在苦处，达士以心拂处为乐，终为苦处换得乐来。”世人都认为心肯处是什么样的呢？让心里舒服，我想做什么就做什么，喜欢做什么就做什么，这些都是能得到快乐的。

职场上真正的快乐达人是什么样的呢？以心拂处为乐。心里头有的时候觉得很憋屈，很窝囊，很不乐意，很伤痛，很无奈。如果我们能够挺过来，就能够得到快乐，这才是真正的、永久的、有质感的，能够把我们的职场人生引领到一个高度的快乐。

没有开始，你怎么成功

《诗经》里说："靡不有初，鲜克有终。"所有的事情，都有一个特点：开头难。即便如此，所有的事情，都有一个开头，无论这个开头是否精彩，是否美好。但并不是天下所有的事情都有一个结局。我们经历过太多的这样的事，一个好设想，一个好计划，进行到了一半，就被扔下了。走在大街上，看到一栋烂尾楼，投入了那么多的人力和物力，结局却成了这样，多么可惜！

我们的职场人生当中，有好多的事情也是如此。最开始一腔热血，抱着万般辉煌的想法，设定了无数的计划和努力，但是到最后却无果而终。

实际上，你在职场当中是否成功，是否有所成就，跟你的耐力有很大的关系，耐力是获得成功不可或缺的一部分。历史上有很多例子，曾国藩就是其中一个。

曾国藩有很多立身处世和为官从政之道，很值得现代人去思索。他有一部书，叫《挺经》，里面讲述了很多为人处世的智慧。一个"挺"字，可以说是曾国藩对自己驰骋官场多年的经验总结。一个"挺"字，蕴涵了无穷的意味。

第一点，耐住性子。在这一点中，我们首先说的是"不抛弃，不放弃"。《菜根谭》中有这么一句："咬得菜根则百事可做。"为什么是"咬"呢？"咬"就是抓住一股劲的意思。

就如同很多人都喜欢的攀岩运动。攀岩是一项具有挑战性、刺激性和冒险性的活动。如果你在攀岩当中遇到了风险，脚一滑，滑到悬崖边上。在万分紧急的时刻，你会怎么办呢？只有双手紧紧扣住悬崖边，用

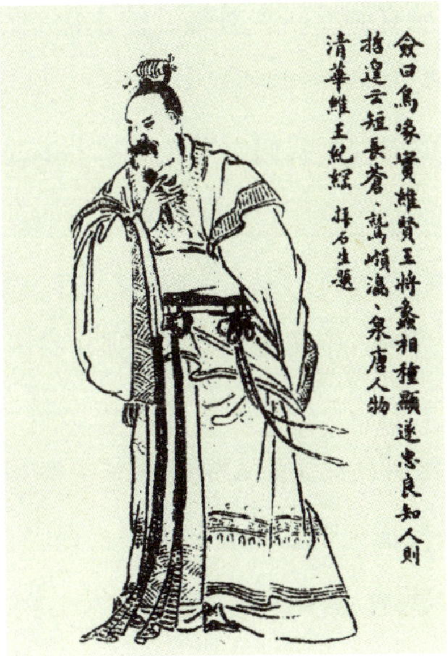

△ 勾践

尽全身的力气，抱着必胜的信念挺过来，才能在某一个刹那，纵身一跃，再一次登上你的旅程。

历史上有很多这方面的经验和教训，蒲松龄曾经写过一副对联：“有志者事竟成，破釜沉舟，百二秦关终属楚；苦心人天不负，卧薪尝胆，三千越甲可吞吴。”提到了两个历史事件：一个是破釜沉舟，另一个是卧薪尝胆。

破釜沉舟说的是项羽，他曾经一路前行，可是在巨鹿之战当中受到了阻遏，这时他的大兵不得不停下来。在危难之时，项羽带领着军士，渡河之前把所有的锅都砸碎，把船也沉了，决一死战。

明明已经是九死一生，为何还要这么做呢？就是在最后的时刻，再来一个冲击力，再往前加一把劲。项羽谙熟兵法的用力，当士兵觉得自己没有退路的时候，必须往前冲，必须要将堡垒拿下来。最终杀声震天，一举击破敌军。

卧薪尝胆说的是当年勾践大败于夫差，被抓去当奴隶，连他的大臣范蠡也都陪着一起养马。勾践忍辱负重，所有的委屈都咽到了肚子里，经过三年的卧薪尝胆，终于进行了反击，成了春秋时期的霸主之一。

所谓的历史，就是曾经的现在。有的时候，我们觉得经历了太多的大起大落，经历了太多的波澜壮阔。其实这种经历，快乐也好，不如意也好，悲伤也好，沮丧也好，在整个的历史长河当中，我们的前人已经经历过无数遍。这就是我们为什么要一直讲传统文化，弘扬经典，是因为我们能从中获得智慧，从中获得启迪。

俗话讲："常立志者志不长。"一个真正有志气的人不是在于常常立志向，而是在于立下志向之后，能在任何情况下都咬紧牙关坚持到底。有一股不抛弃不放弃的劲头，这才叫真正的有志。

你和成功的距离只差一个坚持

曾经看过一幅漫画：一个人拿着一把铁锹挖井，他挖了十几个坑，累得满头大汗，仍然没有挖到水，于是他将铁锹扔到一边，不再继续挖。其实，他只要再坚持挖一锹，就能获得水源了。

孟子曾经说过："有为者辟若掘井，掘井九轫而不及泉，犹为弃井也。"有为者，想要成为一个真正有所作为的人就要学会坚持，否则所做的一切都将是白费。就如同挖井一样，不管你挖了多久，挖了多深，你累到什么样的程度，没有见到水你就放弃了，和你没挖过一样，这就是"犹为弃井也"。如果再坚持一下，就会获得不同的人生。

《菜根谭》里面就有这样的一句话："登山耐险路，踏雪耐危桥，一耐字极有意味，如倾险之人情，坎坷之世道，若不得一耐字撑持过去，几何不堕入榛莽坑堑哉。"

在这里，《菜根谭》告诉我们一个"耐"字。就像我们在登山的时候，一定要耐得住危险的路径慢慢地走，小心地走，不回头不放弃，才能达到峰顶；走雪路的时候，要耐得住寒冷和摔倒的危险。行走人生之路，一个“耐”字，就能帮助你撑过复杂多变的红尘世道。

关于“耐”，现实生活中也有很多例子。

日本有一个矿山大王叫古河市兵卫，古河市兵卫家境特别贫寒，经常没饭吃。为了糊口，他做过很多工作：给豆腐店打过工，给高利贷收贷，等等。给高利贷收贷是很难的一个工作，但古河市兵卫却把它做得很好。

有一次，他到债主家去要债，债主端出了一副死猪不怕开水烫的样子，就是不还钱。面对这样厚脸皮的人，古河市兵卫用了很多的办法都没有解决，于是他就发挥了“磨”的作用。

古河市兵卫苦口婆心地说了很多，钱也没要出来。到了晚上，这家人看古河市兵卫没有要走的意思，就直接睡觉了。古河市兵卫呢？干脆就在这家就寝了。他一声不吭地坐在那里，愣是坐着陪了一宿。第二天天亮，人家起床洗漱的时候，他照样赔着笑脸，继续跟人要债。连续几

△ 踏雪耐危桥

天，债主服了，将钱还给了古河市兵卫。古河市兵卫凭借一股韧劲，将收贷这件很难做的事情，做得游刃有余。后来，有人推荐他到财主古河家做养子。

他到了一个财商集团，人生逐渐就好转起来。那他是如何成为矿山大王的呢？

他买下了被人称为废矿的足尾铜矿。矿山开发成功的话将会有无限的利润，可是他买的是一个被人视为废矿的矿井。他经过了一番考察之后，确信那不是个废矿。因为矿里还有丰富的铜矿资源没有被挖掘出来。于是他投入了大量的资金，雇佣了工人，几年如一日地一直挖，但挖了好几年，也没有挖到任何的铜。他所投入的资金也是所剩无几。

很多人都说古河是个疯子，因为他贷了一万两黄金。这个疯子却一直在这个废矿上折腾，即使是快要山穷水尽了，他也仍然在坚持，抱着死在矿山上的决心坚持下去。果然皇天不负苦心人，就在大家筋疲力尽，信念渺茫的时候，源源不断的铜矿被挖掘出来。从此以后，古河市兵卫翻身成了日本的矿山大王。

在回忆起自己的成功经历时，古河市兵卫说了一句非常非常耐人寻味的话：“我成功没有什么秘诀，只是把别人认为已经挖尽的东西再挖一次而已。”仅仅一句话，却给了我们很多启示，因为很多时候，我们自认为已经很努力地在做一件事情，但是不见成果，这时我们就会失去信心，就会放弃继续做这件事情。

其实，很多时候，你离成功就差一个坚持。

第二章 人生的持守与变通

中国式大智慧——进退自如

前文中，我们提到了凡事都要挺住，认准一个方向，要坚持到底不要轻言放弃。但是中国式的传统智慧里面也经常讲到 点：既要坚定持守，又要圆融变通。

孔子就是这样的一个人，他在人生当中会坚持自己的理想，坚持做自己应该做的事情。不管在前进的路上有多少艰难坎坷，有多少不如意，有多少令人沮丧的地方，他都坚定地前行。

当面对困境时，孔子反倒用一种非常宽容的、不过于计较的、灵活变通的态度对待它。谈笑之间，拨云见日。这也成就了一种中国式的大智慧——进有进的坚持，退有退的变通。譬如在经济运行周期中，会出现不景气的时候，也会出现景气的时候。职场人生也一样，有高点的时候，也会有低点的时候。“人生如赛场。”赢的时候姿态要高，输的时候转身要优雅。越是在低点的时候，越能显示出一个人的风度。

《三国演义》中，马谡错失街亭。犯了这样的错误后，诸葛亮挥泪斩了他，然后和几千士兵退守西城。当时的蜀国处于非常不景气的状态。诸葛亮的死对头司马懿率领15万大军一路奔袭而来。在这时，蜀国和诸葛亮面临着一个最关键的时刻：他们只有5000名士兵，而且都是老弱病残，打不了仗。这时，诸葛亮是怎么做的呢？

不得不说，诸葛亮是一个真正有智慧的人。当他面对这个低谷的时候，显得非常从容淡定。他禁止所有的士兵出城，违令者斩首；让一些士兵打扮成老百姓，在城楼上打扫卫生。他自己则带着琴来到了城墙之上，让他的童子站在两旁，开始弹琴。

司马懿生性多疑，来到城门之下，看到城门大开，没有任何的防御和装备，诸葛亮又在那里焚香弹琴，这是什么意思？这是什么战术呢？司马懿越想越害怕，越想越怀疑，越来越觉得事情不妥，马上下令部队撤退。

“空城计”给我们一个什么样的启示呢？当我们遇到了低落的时期，一定要有一种良好的状态，这个状态决定了你是继续低落，还是慢慢回升到一个良好的状态。《菜根谭》里有这么一句话：“衰飒的景象，就在盛满中；发生的机缄，即在零落内。故君子居安宜操一心以虑患，处变当坚百忍以图成。”

这句话的意思是，大部分衰败的事件，实际上早就已经埋下了祸根。而很多看起来日后成功的因素，也许就在非常落魄潦倒的时候，因为你的坚持而慢慢出现。

其实无论是企业的经营还是我们的职场人生，有的时候不景气会在一夜之间发生，没有任何的预兆。

我们所拥有的只有对待不景气时的态度。在这方面，日本松下幸之助提了几个建议：

第一，从容的心态，是面对不景气时所必需的。所有企业的经营，所有市场经济运行的规律，都经历过景气不景气这样一个不断循环往复的变化过程。所以永远不要期望人生不会有不景气的事情发生，永远辉煌灿烂、永远处于人生的高点是不可能的。

第二，要善于利用不景气。一个企业家要善于利用不景气来做水库式的经营。如果说企业没有这样一种水库式的经营的思维，下雨的时候，一旦下得多了就会发生各种灾害；一旦不下雨的时候又旱了，田地龟裂，百草不生。如果有一个水库，将水蓄起来的话，就可以适当调节进出水量。在干旱的时候，排出水来灌溉田地，在下雨量多的时候蓄积起来。这叫作水库式的经营。

松下所说的企业的水库式经营，是用于应对不景气的。对于我们的职场人生同样是有所启示的：晴带雨伞饱带干粮。你怎么会知道你的人生是不是也有这样不景气的时候呢？所以，职场中的每一个人，都应该为自己的人生做一个水库式的经营规划，以便应对随时可能发生的不景气。

第三，用不景气来扩充经营模式。当一个企业处于不景气的时期时，我们可以利用这段时期来购买厂房、设备，以此来扩充经营模式。因为，在不景气的时候，原材料的价格也可能会随之下跌，这时来扩充设备是最合适不过的。

还可以利用不景气来锻炼你的员工。企业欣欣向荣的时候，员工往往得不到任何的锻炼。大家都觉得自己的单位好，天天有钱挣，年年有分红。在这种情况下，员工就会缺少前进的动力，就会缺乏居安思危的意识。但是不景气的时候，往往才能培养出来人才，才能够锻炼一个管理队伍。

坚守不等于一条道走到黑

在职场中，我们需要坚持，不抛弃不放弃。但要耐住性子做事，并不意味一条路走到黑。在坚守的同时，我们还需要变通的精神，它和持守精神是同等重要的。

《菜根谭》当中有这样一句话：“风斜雨急处，要立得脚定；花浓柳艳处，要着得眼高；路径危险处，要回得头早。”

什么时候该立得脚定，把脚步定住，把根基稳住呢？就是在风斜雨急之处。

例如在职场复杂的人际关系当中，在各种尖锐复杂的矛盾冲突面前，你应该把得住原则，立得住脚跟。

那么，在花浓柳艳处应该如何呢？例如你身居领导之位，面对着强烈的欲望和诱惑。有人给你送多少钱，要办什么事；客户要跟你成交一个见不得人的合同，你就从中可以捞得提成，或者美色诱惑。这叫作“花浓柳艳处”。

这时，就需要你着得眼高，要不畏浮云遮望眼。

在路径危险处，要悬崖勒马。其实，人生如战场。兵法有三十六计，敌战计，攻战计，胜战计，还有败战计……而最后一计是“走为上”。这一计给了人很多的启示和思考。假如你觉得你在战场上注定要败，即使拼死，用尽最后的力量也毫无起色和进展，这时候你就要拿出打不赢就跑的勇气。跑有什么用？跑可以保存一点儿力量，可以给你反击的机会。所以这一点也是非常关键的。

《菜根谭》的这句话在我们的职场人生中，应该怎样去实施呢？什么时候该回头？什么时候该调整方向呢？

有一个著名的贤臣叫魏征，是初唐贞观之治时期，忠言敢谏的一个人，对太宗忠心耿耿。魏征在跟随太宗之前至少跟过五六个主子，例如李密、窦建德以及隐太子李建成等，一直到玄武门兵变的时候，魏征都是隐太子李建成的门客。

李世民发动玄武门兵变，一举灭了李建成，把包括魏征在内的诸多门客都抓了起来。他知道魏征非常有才华，就问魏征："你为什么要出谋划策挑动我们兄弟反目？"魏征不卑不亢地回答："我早就向太子献过这个计谋，可惜太子不听，如果太子听我的话，今天被捕的就是你了。你就成为阶下囚了。"李世民也不愧是一代明君，听完之后哈哈大笑。当时就给魏征松绑了。

魏征确实是一个令人敬佩的人。他在人生的关键时刻，经过认真的考虑，认为李世民将来必定是一个明君，所以决定跟随他。如果他不跟随唐太宗，历史上不过就多了一个被杀的愚忠大臣而已。他跟了唐太宗，就创造出了一番丰功伟业，青史留名。

历史告诉我们，应该持守，但不应该愚忠。愚忠的结果，可能是完全丧失了再次战斗的能力，或者是继续创造丰功伟业的能力和力量。持守的原则是什么呢？历史带给我们的经验是，很多名人之所以能够名留青史，有一个很重要的原因，就是上报君王，下安黎民。我做的事情对国家有利，对得起自己的良心、理想和坚持，其他的事情都是可以变通的。

所以变通是非常关键的。这样的变通智慧，也给我们很多的提醒。如果在职场人生当中，真觉得这是一个不值得你留恋的地方，老板不值得你为他卖力，看不到任何的希望，但同时老板对你有知遇之恩。这时，你应该做何选择呢？如果你觉得自己的离开对不起老板，那就等于封锁了自己前进的道路。人挪活树挪死，什么时候应该变通，的确是一种智慧。

除了人生自我规划之外，关于企业经营的方向，也应该有持守和变通的智慧。

当年李嘉诚是在塑料行业起家的。在这个行业，他掌握了一些技术，然后就开始大展身手，生意越干越大，甚至是远销欧美。就在他被称为香港塑胶花大王的时候，李嘉诚却觉得必须在这个时候调转船头。

李嘉诚想："虽然我的产品远销欧美，但这样的技术特别容易掌握，特别容易建造生产线，如果别人也有了生产线马上批量生产，客户肯定挑最近的地点进货，不会进我的货。而且，随着生活的水平以及人们欣赏眼光的提高，将来真花肯定要代替塑胶花。到那个时候，我该怎么办？"

所以，李嘉诚果断地调转船头把资金投入到房地产，当年的塑胶花大王摇身一变，成了香港最大的"土地爷"。李嘉诚在关键的时刻及时调转船头，给我们的启示是"既要持守，又要变通"。

当今世界，唯一不变的就是"变化"。面对变化，我们必须拥有各种各样的应对方式，才能在未来的事业中创造一片辉煌。

第三章 谦退与忍让（上）

为什么挤破了脑袋往前冲

在我们传统的文化当中，有很多关于容忍退让的智慧。例如“一谦四益”“退一步海阔天空”等。

《菜根谭》中，也有很多关于退让的智慧。但现在是一个竞争的时代，千帆竞发百舸争流，有时候都恨不得削尖了脑袋去争取机会。这时候你要讲退让，会不会不适合今天的形势呢？《菜根谭》给我们的启示是：往往越是竞争越激烈的时代，所需要的资源越少。人们越去费尽心力争夺的时候，越需要一些退让的智慧。

当然，“忍一时风平浪静”是有一定原则的。有一句话叫“狭路相逢勇者胜”。一般的“狭路”都是捷径，狭路的那端往往是炙手可热的资源，是肥缺，是一些人见人爱的好东西。而一旦知道这是条捷径，大家都会抢着往前跑。因此越狭窄的路段，越容易产生拥堵。如果你在狭路之上一直做一个勇者，大家都互不相让，那就会千军万马挤在独木桥上，拼个你死我活，谁也别想冲上前去了。在这个时候，就需要有“狭路相逢勇者胜”的智慧和勇气。

有这样一个小故事：在急流湍涌的大河之上、两座高山之间有一座独木桥，两只小山羊来到独木桥上，相向而行。走到了独木桥中间，怒目而向，谁也不退让。

两只羊决定进行一场比赛，在独木桥上角力起来，互相顶着角打架，最后两只羊一起掉进波涛汹涌的大河里。

《菜根谭》中有这样一句话：“路径窄处，留一步与人行；滋味浓时，减三分让人尝；此是涉世一极乐法。”

“涉”在古语中一般有渡河的意思。我们讲人生就像一条长河、一条大路，你走在路上，不知道什么时候会碰到一个狭窄的路段。可能是有意也可能是无意，就和别人走到了同样的位置上，要争取同样的资源。这时候，就需要有让三分的精神。如果不让，就如同刚才的两只小山羊，双双掉入河中。

《菜根谭》还告诉我们：“滋味浓时，减三分让人尝。”在职场当中，有的时候，你会不知不觉地处在这种境地：总会有一些人叫你“一

△ 路径窄处，留一步与人行

哥”“一姐”。往往这样的人都特别能干，工作能力很强。

我有一个朋友就是这样。他自己在单位独领一摊，挑起很多重任。有的时候在团队当中，往往是上司安排一件事情，还没等别人有什么反应，有什么想法呢，他就已经做出了基本的方案；有的时候上司需要一个财务报表，需要提供资料的人还没有把东西找全，他基本上查得已经差不多，报表都快做完了。

这样的人会感觉特别累。结果呢？他虽然感觉到很累，但却总是吃力不讨好，会让周围的同事产生不满：“你什么都强，你什么都行，什么都比我们早做完，只要有你一个人就行了，还要我们干什么啊！”

这种人能力很强，事业心很重，没有什么私欲，只有一点“好勇斗狠”。在知不觉当中，把滋味浓的都尝了，占领了好资源，占据了好位置，上司眼里都是他们。他们会沉浸在这种高傲的姿态中，害怕失去所得到的一切，他们会努力争取，争取什么事情都做到最好。渐渐地，他们就只能是这样的人，然而往往是这样的人，在职场当中过得并不顺利。

《菜根谭》这句话给我们一种启示：有的时候你可能是无意地去获得一些资源，即使你把所有的荣誉和称号都给了别人，但是你比别人做得好，同样会让别人什么都得不到。所以在任何时候都要给同事给伙伴留下一些空间，给别人一个表现的机会。大家共同成就，共同成全。

冤家路窄，让者胜

“狭路相逢”，还有另外的一个意思，就是两个人不和。

两个人越是相互看着不顺眼，越容易在一个点上针锋相对，就容易产生矛盾。如果一直对峙下去，对双方都是不利的。如果一方先退让的话，对双方都有利。

有人可能会觉得："我忍让了，就会立刻被人推下去，立刻被人踩在脚下，不就让人欺负到头上来了吗，这也太软弱了吧？"事实上并非如此。

曾国藩曾经说过："两君子无争，相让故也；一君子一小人无争，有容故也；争者两小人也。"

两个君子是不会相争的，他们都懂得以大局为重，会互相忍让。一个君子、一个小人也是不会争的，君子会宽容小人。只有智商和情商都低的人，才会为了鸡毛蒜皮的小事争来争去。如果你跟小人去相争斗，去跟他一般见识，就等于把你自己降到了他的那个水平线上。而不跟小人一般见识的人，才不会产生种种无谓的矛盾。

曾国藩曾经给他的学生讲过一个故事：

南方有一户人家来了客人，老头对他儿子说："你赶快到集市里买点儿菜回来做午饭。"

儿子答应一声出去了。

过了很长时间，儿子还没有回来，老头左等右等也不见儿子的踪影，于是他就到村口张望，结果发现村口的田埂上，儿子挑着两个担子，里面装了一些鸡鸭鱼肉和青菜，正和一个人在那相互对峙。原来是有一个

◁ 心量放宽，不与人争

挑着担子的货郎也走在田埂上，两个人相向而行碰到了一起，谁也不让谁，就在那顶起牛来。

这老头一看，马上走了过来，准备叫回自己的儿子。

他对货郎说：“我儿子年纪小不懂事，我们家里今天要来客人，我等着他买的菜做饭呢，您能不能让一下呢？我儿子个子不高，他走到水田里，要弄湿衣服的，您就谦让一下他好吗？”

货郎不服气地说：“我为什么要让他啊，他的担子里装的都是一些鱼啊、肉菜什么的，这些东西才值几个钱。我这里头装的都是京广的贵货，一盒茶叶值好几万两银子呢，弄湿了你能赔得起吗？”

老头看到两个人互不相让，不知道该如何是好。曾国藩将这个问题抛给了他的学生们。很多学生都进行了回答，但只有李鸿章的回答最让他满意。

李鸿章的答案是：老头见此情形，说：“罢了罢了，既然你们都不让，就让我老头下了水田，货郎你把担子交给我，我顶在头上，你侧身从小儿旁边经过如何？”

货郎见到老头这样说了，非常不好意思，就赶快挽起裤脚下了水田，一个矛盾就这样解决了。

有的时候，有些事情往往是相对的，“争”不见得就能得到。老子曾经说过：“夫唯不争，故天下莫能与之争。”有的时候你不争，所拥有的力量反而比争强好胜，比争勇斗狠更厉害，天下反而没有人能跟你争了。

狭路相逢，用好“跷跷板”原则

退让是需要智慧的，这里我们要说的就是“跷跷板”原则。《菜根谭》告诉我们：“三十年河东，三十年河西。”有的时候你过得很如意，事业一帆风顺的时候，也要有让利于他人的气度，这是做人的一种智慧。

《菜根谭》里有一句话："世路崎岖，行不去处，须知退一步之法；行得去处，务加让三分之功。"人情冷暖，世事无常。世事崎岖不平，你不知道会碰到什么情况。如果遇到根本行不通的时候，就不要一股脑地往前顶，你要知道往后退一步，给自己一个回旋的余地。如果你的道路已经很宽广了，事业已经一帆风顺了，还需要提醒自己，凡事多一些谦退忍让。历史上的好多故事都能够说明这一点。

郑板桥是清代著名文学家、诗人。他有一句名言，叫"难得糊涂"。这句话至今仍然是广为流传。他之所以这样说，因为他是一个心胸宽广、不拘小节的人。

有一年，郑板桥做潍县知县的时候，他接到家人寄来的一封信。

这封信中的内容涉及一场纠纷案件。郑板桥的家里人要翻新房子，他家和邻居有一面共用的老墙。要翻新房子，就要把这面墙给拆了，可是邻居不同意。邻居说这面墙是他家的，郑家人说墙是他们家的，两家人为此闹得不可开交，最后还闹到了衙门。

这让地方官也很为难，因为两家人都没有足够的证据，不知道到底应该判给谁家，官司也没打明白。这时候应该怎么办呢？

两家人开始找人情托路子。堂弟就把这件事写信告诉了郑板桥，信的意思是："堂兄，我们家太窝囊了，你赶快和我们这的县令打个招呼，他肯定会给这个面子的，赶紧把这个事情解决了，给咱家人争口气。"

郑板桥看毕这封信，只是洋洋洒洒地写了一首诗："千里告状为一墙，让他一墙又何妨。万里长城今犹在，何处去寻秦始皇。"意思是"堂弟你费了这么多的笔墨，千里修书，就是因为这一面墙。你让了这一面墙又何妨？你看看万里长城的墙高不高，远不远，深不深？争来争去，最后怎样呢，不也在烽烟当中日渐销蚀了吗！"

△ 板桥画竹

堂弟郑墨看过这封信之后，羞愧万分，立刻跟邻居解释，并把墙让了出去。邻居见郑墨做出了退让，羞愧地说：“我们家太不懂事了，真不应该和你们互相争。”于是两家各自相让，反而让中间多出来一块空地。后来郑板桥又给他们写了一个条幅：“吃亏是福。”

对于很多事情，我们应该换一个角度去看它。“跷跷板原则”是管理学当中的一个理论，意思就是在人际交往、企业之间的往来，或者是职场的同事关系中，如果你始终处于一个高点，始终处在一个不肯容忍退让的点上的话，你可能占据了一些资源，获得了一些好处，但是你却因此失去了人际互动的种种快乐，也不能达到共赢和互利互惠的目的。所以郑板桥说的“吃亏是福”是非常重要的。

做人如此，做生意也是如此。有的时候适当做一些退让，即便事情对自己有利，也要让出去一部分，因为你让出去这一部分，才可以得到更多。

我有一个朋友，事业干得非常好。他从一个小买卖做起，把事业经营得风生水起，最后买卖做得越来越大，成了著名的企业家。在一次朋友聚会的时候，我们特别好奇地问他："你有什么秘诀呀，怎么这几年干得这么好呢？"

他就说了一句话："其实我没有什么秘诀，我的秘诀就是最开始挣到第一个 100 块的时候，我把其中的 90 块都给了客户。即使只有 10 块钱，我也是挣了。当你把你更大的利益给对方，对方会持续不断地给你回馈，因为你对他的信任，他会再给你带来更多的商机和更多的机遇。赢利其实就这么简单。"

由此可见，无论是职场还是人生，只有肯于忍让，肯于让利，才能与人和谐相处；而只有互利互惠，才能让你开辟一片共赢的蓝天。

第四章 谦退与忍让（下）

退让的智慧：不钻牛角尖

在生活中，很多事情绝对不是一个简单的技术性问题，其中还包含着一定的智慧。同样，退，也要退得有智慧。

退让的第一个智慧就是不钻牛角尖。

说到“钻牛角尖”这个词，经常用来形容某人脾气倔，做事情认准一门，非常偏执，听不进去别人的话，刚愎自用。凡事不往宽了想，专门往窄了想。钻牛角尖的人，或者说这样的一种思维方式，常常会让自己不快乐，也会让别人不快乐。

曾经看过这样的一个小故事：一个老鼠误入牛角尖，牛角非常大，老鼠东闻闻西摸摸就往前走，可是它觉得路越走越窄，正在疑惑的时候，有个声音说：“兄弟你走错路了，再往前走你就闷死了，赶快往后退吧。”

这老鼠说：“我走错路了？我这辈子都没走错过路，再说我们老鼠还怕没有路吗？鼠走多了便成了路。我们就是靠打洞，靠钻营为生的，我们只有往前钻才有路。你说我走错了，我才不信呢！”说着就继续往前走，最后闷死在了牛角里。

有一只小蚂蚁，也走到牛角尖里了。牛角尖对于蚂蚁来说更加庞大。它心想：“我要努力地往前走，说不定就能走到水草丰盛的天地呢。”可是越走越黑，越走越窄。小蚂蚁想：“不对，我肯定走错了路。”它就停下来想了一会儿，然后决定往回走。往回走的路是越走天地越宽，越走光线越亮，终于走到了一片海阔天空的地方。

很多事情都是这样，进不一定是对的，退也不一定是错的，关键是找到一个合适的方式方法。所以《菜根谭》里有这么一句话叫：“处世不退一步处，如飞蛾投烛，羝羊触藩，如何安乐？”

一个人在处世的时候，一定要懂得退一步处的道理，要知道凡事都可以有回旋的余地，都可以有向回走的选择和勇气，否则你就会“羝羊触藩”。羚羊角弯弯的，就不把篱笆当回事，直接拿角戳进篱笆里，最后挂在了篱笆上，走也走不了，跑也跑不了。

飞蛾投火是怎么回事呢？认准了这里有光明，就冲烛火着飞过来，不听别人的劝阻，非要往前飞，结果怎么样？自取灭亡。

羚羊和飞蛾都没有达到安和乐的状态。我们在职场拼搏奋斗，目的是什么？是为了家庭安稳和身心快乐。因此，不管为人处世也好，协调人际关系也好，都需要有一种及时转换视角的态度。

有时候转换了一下对问题的处理角度和方式，就让整盘死棋复活了。只有智者才知道圆融协调。如果你一直盘旋在棋盘当中，和对手争个你死我活，那就只有死路一条，你也只能当一个愚者。

当年韩信在集市上被一群小流氓挡住了。这群小流氓气势汹汹地说：“给我站住，你是谁呀？你天天挎个剑，是不是挺厉害？你有能耐跟我决斗吗？你敢吗？”

韩信的表现非常窝囊，想了半天什么也没有说，只是把头低下了。小流氓见状说：“你要不敢，就从我裤裆底下钻过去，就证明你服输了。”

韩信又想了半天，一低头从人家裤裆底下爬过去了。

很多人都会觉得韩信很窝囊。其实不然，韩信有一般人不具有的智慧。

他从项羽手下去投奔刘邦的时候，刘邦就问他：“你带兵怎么样？”韩信回答：“我带兵是多多益善。”韩信后来被封为淮阴侯。如果当年他没有受这胯下之屈辱，怎么会建功立业呢？

当年的他正是因为明白了这样一点：“自己的立脚点不在这儿，不能跟这几个小流氓一般见识。君子能屈能伸，我就是从你的胯下钻过去又何妨？”这就是一个绝不在不值得的地方钻牛角尖的智慧。

退一步，海阔天空

以退为进是一种智慧。退，有时候不一定能获得利益，但在关键的时候，却能保存人生的成本，让你东山再起。

当初，范蠡跟着勾践打下天下，功成名就后，就应该坐享功名富贵了。但他明白，臣子不应该和君主争夺胜利的果实，也不应该和君主争夺功名，那只有死路一条了。于是，他功成身退。

范蠡可以说是历史上最聪明的政客。这是为什么呢？

他尽心尽力辅佐勾践，成就了一代国君、一代霸主，但并没有争夺功名利禄，而是全身而退，和西施泛舟五湖之上。才子佳人，多么幸福的一件事情啊。到了齐国，又成了首富，当起了陶朱公，成为民间财神的代表，过着让人羡慕的潇洒生活。

这就是退让的智慧。如果范蠡不退让的话，就会连本带利地赔进去，最后连死都不知道怎么死的。文种就是这样的一个例子。

文种当年和范蠡一起陪着勾践在吴国遭罪，后来回到了越国。当他和勾践一起庆祝的时候，并没有看到勾践眼里的不悦。范蠡曾经劝说过他："狡兔死，走狗烹；飞鸟尽，良弓藏。"他没有听从，仍然留在勾践的身边。结果死于非命。

《菜根谭》当中还有这样的一句话："处世让一步为高，退步即进步的根本；待人宽一分是福，利人实利己的根基。"为人处世，你谦退忍让，不要觉得自己吃亏了，吃亏是有回报的，损失一点点，就会有巨大的回报。

有时候，退一步是为了进三步，这是进步的成本。"退避三舍"就是一个非常典型的案例。

晋文公和楚王对阵的时候主动说："我以前欠你的恩情，就退三舍——九十里来避让你。"结果当时楚国有一个将领叫子玉，为争功名一意孤行，非要往前打。晋文公说："如果我退了九十里，你还是不给面子，那就别怪我不客气了。"于是就进行了"城濮之战"，晋文公最终胜利，成了春秋霸主之一。

有的时候，退的目的是为了争取一个更好的地势地利，从而绝地反击，将对方打个落花流水。

在战争中如此，在生活中同样如此。有一次，我去商场逛街的时候，碰见过这样一件事。

在一个卖电饭锅的柜台前，服务员正在接待顾客。这时，有一位男士气势汹汹地走过去，手里抱着个大饭锅，大声地嚷道："你给我过来，你看看你们家的这电饭锅，什么质量，这刚用几天就坏了呢？"周围的顾客听到嚷嚷声都赶紧围过来看。

其实那个电饭锅是半新不旧的，至少用了半年以上。但是他却对服务员说：“我一个礼拜前在你们商场买的，你们说出现质量问题就给退货，你赶紧给我退了吧。”

服务员是个小姑娘，但她遇到这种情况并没有慌乱，而是不慌不忙地说：“先生，遇到这样的事情我也感到很抱歉，但如果想要退的话，请您拿出发票，没有发票的话，怎么证明您的电饭锅是我们的产品呢？”但是，这位男士仍然大声吵吵，无论这个小姑娘怎么跟他解释，他就是不听。吵闹声又吸引了更多的人围观，不仅影响到了柜台的生意，还影响到了商场的秩序。

小姑娘见解释不通，就对那位男士说：“先生，您非要退货，但您确实不符合我们的退货原则，如果您实在坚持，我自己掏钱把这个电饭锅买了，然后您再买一个新锅，您看这样行吗？”

当小姑娘说完这些话，周围的人都鼓起了掌，纷纷向她投来了赞许的目光，并指责起那位男士。他的脸腾的一下就红了，抱着电饭锅灰溜溜地走了。

其实这就是《菜根谭》里面说的：“待人宽一份是福，利人实利己的根基。”当小姑娘碰见一个无赖之徒，并没有和他持续相争，而是采用了退让的方式，不仅让自己全身而退，还成功地劝退了那位男士。她的这种宽容和忍耐，赢得了大家对她的赞赏。所以退让在生活当中有时候是能够给我们带来利益的，这就叫以退为进的智慧。

除了为人处世之外，在职场中有这样的智慧也有很多作用。

有一位计算机博士，拿着一纸文凭去找工作，却碰了很多壁。很多公司在招聘技术人员的时候，不会只看中文凭的，还要看这个人的能力。

于是，这位博士就将文凭收了起来，去应聘最简单的程序录入员，很快就被一个著名的大公司录取了。在程序录入员的岗位上，他努力工作，将每个程序都录入得很好，而且经常能够发现程序中的错误。

他的出色表现引起了老板的注意，这时，那位博士拿出了自己的文凭，让老板瞬间惊呆了，立刻让他去负责产品的研发。最后，这位博士成了公司顶级的科研人员，为公司研发了很多新的产品。而他也终于实现了自己的人生价值。

如果你想要达到一个目的，但暂时达不到的话，就先往回退一步，给自己找到一个合适的空间，然后再一步一步地往前走，这样才能够获得更大的进步。这在职场中叫“取法于上仅得为中”，很多人运用这种智慧，最终达到事业巅峰。

第五章 人生成本论（上）

职场中的稀缺资源

我们经常提到“资源”二字，资源有可再生资源，也有不可再生资源。我们总是讲保护环境，保护各种各样的矿产资源、动物资源、植物资源等。其实人也是一种非常非常重要的资源，尤其是在职场当中，人的资源是非常稀缺的。

一个人就是一滴水，但是一群人到一起就汇成了汪洋大海，所以说人力资源是成就一个人事业最关键的地方。

通俗地说，人力资源就叫人脉。平常我们讲“在家靠父母，出门靠朋友”，可见人脉的重要性。一个人的人际关系，决定他是否能在事业上取得成功。如果一个人能够左右逢源，能够让周围的人互相支持，这样大家就能够共同成就一项事业。

如果不能做到这样，那想在事业上取得成功是很困难的事，毕竟一个人的力量是有限的，就算你有一身铁，又能打几颗钉呢？

人脉在我们的人生中特别重要，在某种程度上，它已经成为一份资产。既然是资产，那就需要经营，因此如何经营人脉，就成为一项急需探讨的技术性问题。

既然我们用到了经营这个词，我们就得有研究，就要研究市场，看清行情形势，知道哪个东西销路好，知道哪个行业适合我们做。我们看准产品了，就要进行投资，提出并不断完善经营策略，将自己的生意一步步做大。对于公司经营，是看得见摸得着、有规律可循的。但是人脉却是看不见摸不着的，那我们应该如何去经营呢？

经营人脉，首先就要做到敢于下注。曾经看过一本书叫《人生成本论》，人生所有的一切都是需要成本付出的。人生就是一场投资，你只有付出了，才能得到回报。

有的人说，经营人脉、敢于下注，是不是意味着要用金钱去衡量呢？其实并不完全是这样，真正会经营人脉的人，不是靠请客吃饭得到的，因为这样得到的人脉，顶多算是酒肉之交。没什么大的意义，对你也不会有什么真正的好处。

敢于下注，敢于投资，一定要投入真正的成本。我们的时间、精力、体力、能力，都算是成本。当然了，我们把一定的金钱投入到运营当中去，这也是一种成本。可是在人脉的经营当中，投什么才叫作成本？怎样才算是勇于下注？什么样的成本是最大的？

答案是：什么最稀缺什么就最珍贵。

《战国策》当中记载孟尝君有一个叫冯谖的门客，在他的门下好多年了，也没有什么突出的表现。这年秋天，孟尝君需要找到一个到他封地——薛地收租的人，冯谖毛遂自荐。

见面的时候，冯谖就问孟尝君，除了佃户的田租，还需要自己买点儿什么回来。孟尝君想了想认为也没有什么，于是就说：“视吾家所寡有者。”意思就是“你就看我家缺啥，你就给我买啥吧”。

冯谖左看右看说：“你们家美人都已经下厨房了，外面养满了名狗名马，看起来什么都不缺。您缺什么呢？你缺德行，我给你买义吧！”

德和义，不是一般金钱能够买来的，于是冯谖做了一件事。他到薛地之后，不仅没有收租，反倒把老百姓聚集到一起，假借孟尝君之名，把债券都烧了。老百姓痛哭流涕、感恩戴德。当冯谖连夜赶回，向孟尝君汇报后，孟尝君不仅没有明白冯谖的用意，反而不高兴地说：“诺，先生休矣！”直到几年后，齐国的新君即位，“一朝天子一朝臣”，这位新君主找了一个“吾不敢以先王之臣为臣”的借口，把孟尝君罢相。走投无路的孟尝君回到自己的封地——薛地，百姓们夹道欢迎、振臂高呼，成为他坚实的后盾。孟尝君感慨万千，明白了冯谖的良苦用心。

通过这个故事我们可以知道，人最缺少的是什么呢？往往是德行道义。我们经常感慨“诚信二字难得”，遭遇到了太多的事情，已经不敢相信任何人了。包括每天我们吃到嘴里的东西，我们穿在身上的衣服，我们面对着人的一张脸，都不知道是真是假。越是在这种时候，“德”，“义”“诚”显得越稀缺。在经营人脉的时候，我们就要付出最稀缺的资源，这样你才能得到最大的回报。

交友，要带三分侠气

《菜根谭》里有这么一句话：“交友须带三分侠气，做人要存一点素心。”那么我们经营人脉到底需要付出多少成本呢？其实成本也不多，只要付出三分侠气和一点素心就够了。侠气，就是侠肝义胆，大气包容。武林当中有很多的侠者，比如金庸笔下的乔峰，就近乎是一个完美的大侠。

他有一个最具英雄侠义的举动，就是“杏子林血洗四长老之罪”。当年丐帮内部发生内讧，众人都想要劫狱诛乔峰而后快，但乔峰却平息了内乱。按理说在清算大会上，丐帮四位长老因为谋害帮主皆应该定以死罪，但是当执法长老要宣判他们死罪的时候，乔峰却做出了让人出乎意料的举动。

他首先来到了宋长老身边，对他说：“你是本帮的资深长老，当年独守雁门关以防西夏入侵，立下了于国于民的大功。本帮主要免你的罪，但按照帮规，帮主不可以私自免任何人的罪，必须用自己的鲜血加以洗清。”说完，乔峰就拿起一柄法刀插进自己的左肩。

接下来，为了赦免其余三位长老，乔峰分别在自己的右肩、肩头和心头插入了一把法刀。乔峰的这种做法，赢得了众人的钦佩，大家被他的侠肝义胆折服。

乔峰为什么会这样做呢？他不是为了收买人心，他是以丐帮大局为重，不计小节，用自己的鲜血来取得整个团体内部的平衡。为了整体的大局利益着眼，是乔峰真正的侠之大者所在。

两肋插刀的精神，在今天的社会已经很少见了。事实上，当你有了这种侠义之举，把别人的事情当作是自己的事情，设身处地为他人着想，这就是当今的“大侠”，是人际交往中的白金原则。因为你用什么样的态度对待别人，别人就用什么样的态度对你。

当然，需要注意的是，《菜根谭》说的是“三分”侠气，并没有说“十分”侠气，意思就是侠气也要掌握好尺度。不是拎着大菜刀，风风火火闯九州，而是该出手时就出手，这样才能得到大家的尊重和佩服。

什么叫素心呢？素是未经染色的纯白丝绢，素心就是要以一颗纯洁的本性之心处世，要本色地做人。

本色，就是不伪装、不做作，遵循本心，顺应自然。看似很简单的一件事，但想要做到本色却是最难的，因为难得，所以就显得特别可贵。

十七八岁的女孩，有着纯净的肌肤和天使般的眼神，简直是美极了。这种美是本色的，是不做作的，具有一种自然的摄人心魄的力量。

我们可以给自己的脸化妆，这是交往的一种礼仪，但是我们不要给心灵化妆。

如果给我们的心灵化妆，在跟他人交往的时候，就会不由自主地想："他为什么要对我这么好呢？他有什么目的呢？是不是跟我交往能给他带来什么好处的呢？"或者："这个人能帮上我什么忙呢？我应该怎样和他相处呢？我应该如何开始我的第一步呢？"

如果是这样处心积虑地交往，心机如此深的话，就会活得特别累。这样的人际交往就如同参加假面舞会一样，无论你扮演的是青蛙还是王子，是皇后还是白雪公主，结果都是曲终人散，谁也不认识谁。所以，这个时候保持本色就显得尤为重要。

《菜根谭》告诉我们要有素心。你不用想那么多，如果想要经营你的人脉，请拿出你的本色，你的本色和侠义才是最大的投资成本。

要学会愿赌服输

提到赌，很多人都会想到赌博。赌博是害人的，会让人倾家荡产。我们把经营人脉比作赌博，有的人可能会觉得不合适。其实，我们把经营人脉当作一场赌注，并不是过分的事情。

人生就是这样，很多事情都像是一场赌博，即使投入了大量的精力，也不一定百分之百就能赢。但如果没有任何投入，那百分之百肯定输。既然已经下了赌注，就要学会愿赌服输。

在前文就提到了，我们付出最大的本钱就是自己对他人的一片赤诚之心。既然你投入了最大的本钱，你就不要怕输，因为这是你心甘情愿的。

在一档电视节目中，主持人曾经做过一期关于信任的话题。关于信任，他是这样说的："信就是相信，任就是托付。我相信你，我把我的一颗诚心托付给你。我把我的人生，我把我的情感，我把我的事业，我把我的前途和你放在一起。你敢于托付，就要敢于承担托付的结果，这就是咱们说的愿赌服输。"

《菜根谭》说："信人者，人未必尽诚，己则独诚矣。疑人者，人未必皆诈，己则先诈矣。"一个人可以排除万难去争取很多项目，可以从早到晚加班，这些都没有问题，但能做到"信任"二字，却是相当难的。

商业伙伴往往嘴上说："咱们两个肯定会继续合作下去，肯定会成为好朋友的，将来一定会共赢。祝咱们合作愉快。"但心里真是这么想的吗？

俗话讲"人心隔肚皮"，你付出了一片真心，但得到的未必是真心。正是抱着这样的想法，越来越多的人不愿意付出真心，于是进入了一个恶性循环。

但《菜根谭》告诫人们，首先自己要做到赤诚，这才是最重要的。

容易产生怀疑的人，遇到什么事情，都觉得事实并不是这样的。他们不相信任何人和事，认为什么事都是假的。如果这样的话，就相当于把自己和周围的人隔离开来，你的心会越来越空。如果连人都不肯相信的话，还怎么去和别人相处呢？还怎么去经营人脉呢？

被誉为千古第一完人的曾国藩，在给弟弟的信里曾经说："弟自谓是笃实一路人，吾自信亦笃实人，只为阅历世途，饱更事变，略参些机权作用。"

他说："我认为自己是一个忠诚老实的人，但在世路当中行走的时间久了，做官了，接触到一些权谋机变，学到了一点儿东西。可是我们为人的心思、我们的套路却和别人差远了。”

“即使纵人以巧诈来，我仍以浑含应之，以诚愚应之，久之则人之意也消，若钩心斗角，相迎相距，则报复无已时耳。”

他说：“我们都应该去做老实人，我们不应该再学钩心斗角，因为我们学不会，还弄得四不像，然后不仅权谋机变不会用，自己的本性也失去了。如果说别人以权谋机变和奸邪巧诈来对我们，那我们就以一片浑然的本性和一片包容之心来承迎他们。我们学不会别人的权谋，就用自己的真心对待他人，用自己的本性对待他人。时间久了，想跟你绕圈子的人也会慢慢消失。如果你非要努力和人家学用心思，然后大家互相绕来绕去，互相钩心斗角，这日子就没完了。”

曾国藩在官场上屹立不倒，不管是品行学问，或是为官做人，他都非常厉害。一个人的权谋机变和奸邪巧诈不过只是一时的花拳绣腿而已，成就不了一个真正成功的人生。

如果我们想要去经营人脉，想要得到大家的认可，想要营造一片和谐的人际关系，就要付出真心。不要害怕被人欺骗，不要害怕付出收不回成本，只要你付出了，就证明你有能力。你有相信别人的能力，才能够证明对自我的肯定，对你的前路、你要操作的事情，对你周围所出现的人际关系，有一份充足的信心。

职场中的“大仓库”

人脉需要经营，但这里的经营不是说做买卖，不是早上起来八点钟去上货，然后开张，收钱，算账……人脉的经营是需要一个真正的经营理念的。

经营人脉，首先要有一个大仓库。就像我们做生意一样，假如你的店里琳琅满目，高中低档产品都有，能满足人们不同的需求，那你的店里自然迎进百家客，生意肯定能做活。如果你只经营一种货品，只针对几类客人，是负担不起高额的开销的。毕竟你还要付房租，给工人开工资，支付水电费，等等。《菜根谭》的建议是，经营人脉也是如此。

《论语》中说："益者三友：友直，友谅，友多闻。"

现实社会中，我们都希望交往的人对我们是有利的，无论他是否有钱有权；无论他是否能够包容体谅；无论他为人是否刚直方正，无论他是否见多识广……总之，能给自己带来益处和收获的朋友，我们才愿意跟他交往。

但社会往往是纷繁复杂的，什么样的人都有。如果你碰到的人，恰恰是不直、不谅、不多闻，你该怎么办？这时候你的经营理念就需要一个大大的仓库，要能够装得下所有的人。

《菜根谭》里面有这样一句话："遇欺诈之人，以诚心感动之；遇暴戾之人，以和气薰蒸之；遇倾邪私曲之人，以名义气节激砺之；天下无不入我入陶冶中矣。"

人的一生中，总会碰到各种各样的人。当你碰上那些专门欺骗、奸诈的人，就要用一片诚心慢慢感动他；碰见脾气暴躁、阴晴不定的人，要用一团和气来慢慢熏陶他；碰上那些非常邪僻不正的小人，要用一腔正气去激励他。无论碰到什么样的人，皆有应对之法。有包容之心，天下之人都能被你的大仓库所容纳，这样才能成就大业。

战国时代有"四君子"，他们喜欢豢养门客，所谓养士三千。三千门客当中什么样的人都有，"四君子"之一孟尝君手下甚至有很多的"鸡鸣狗盗之徒"。这些门客长时间吃白饭，什么也不干。

没想到忽然有一天，孟尝君遭遇了困难，结果这些门客全都发挥出

△ 与人交当以诚心、素心

了作用。会鸡鸣的人就学鸡叫，他一叫，守函谷关的官员就把关门打开，孟尝君得以逃脱；会狗盗的人，这时候也用上了，去王宫之内把白狐裘偷出来，献给秦王的宠姬，孟尝君才得以释放。

所以，经营人脉时，不能太过势利眼，你交的这些朋友，可能很长时间都没有什么用处。因为并不知道什么时候会有用，只要诚信对待，他们一定会在危难之时尽力付出。

《菜根谭》当中说："遇沉沉不语之士，切莫输心；见悻悻自好之人，应须防口。"

诚心、素心、包容、理解和接纳，这些都要有尺度的，不是对所有的人都要这样。如果你遇到的是一个脸色阴沉、充满了机诈，很多事情都难以沟通的人，不一定要完全付出自己的真心诚意。有的时候是需要愿赌服输，但也要看值不值得赌，要记住，永远不要做一个鲁莽的匹夫。

当年曹操逃难到吕伯奢一家，吕伯奢掏心掏肝地对待曹操，赶快把他安置好，然后出去买酒了。

但曹操心地不善，想到此时四处皆是杀机，因此谁也不愿意相信。他听到吕伯奢在院子里磨刀的声音，以为是要杀自己，于是一不做二不休地把吕伯奢一家全杀了。迎面碰见买酒回来的吕伯奢，又把他也杀了。

"宁教我负天下人，休教天下人负我。"曹操就是这样一个人，与这种人交往，就要多加小心了。

所以我们在人际交往的时候，也要学会一点看人下菜碟，学会一点看人下本钱，有一个自我判断的能力，然后再付出一片诚心、一腔真心。

切忌"一锤子买卖"

刚才我们说经营人脉就像投资一样，既然叫投资，你就不能打短平快的主意。短平快往往是可见一时之利，难以长久。就像买一只股票，有的时候你得有打长线的能力，可能你经营的是一只潜力股，它已经潜了好长时间，总也不见起色，也许有一天就会出现令你惊喜的回报。

“一锤子买卖”是经营人脉的大忌。它是一个技巧性的问题，涉及一个人的德行问题。

《菜根谭》有这样一句话：“遇故旧之交，意气要愈新；处隐微之事，心迹宜愈显；待衰朽之人，恩礼当愈隆。”

人际交往中，谁也不能免俗。如果你是一个有权有钱之人，大家都爱和你交往，但是你千万不要太势力。比如一个多年未见的老朋友来找你，不能因为平时没有什么联系，你就对他爱答不理，这样会让对方下不来台。这已经不是有权有钱的问题了，而是你的品德问题了。

当年红顶商人胡雪岩在钱庄当小伙计的时候，就是因为在不经意间帮助了落魄书生王有龄，才有了后来的成就。

当时钱庄手头有一笔钱，是死账，要不回来了。胡雪岩想办法把这笔账要回来后，借给了当时非常落魄的书生王有龄，让他买了一个实缺，当了官。这种帮助无异于雪中送炭，王有龄当官之后，对胡雪岩感恩有加，两个人结成生死之交，一辈子互相帮忙互相提携，也因此成就了胡雪岩的一生之路。

有些时候，对于人脉关系不能过于势利，而需要长时间的经营。这一点非常重要。

华尔道夫酒店是希尔顿酒店系列的一个分支，它的第一任总经理有一个让人十分受用的经营人脉的故事。

一个风雨交加的夜晚，旅店里来了一对老夫妻，其貌不扬，哆哆嗦嗦问还有没有房间，前台接待的服务生感到非常抱歉，他说：“不好意思，我们今天的房间全都定出去了。”老夫妻失望地说：“那我们走吧。”但是这位服务生紧接着温和地说："现在外面风雨太大了，你们就别走了。我今晚值班，我自己的房间空出来了，还算干净，如果不嫌弃，你们可以将就着住一宿。"

老夫妻万分感谢。第二天早晨，他们来结账，服务生说："这是我自己的房间，你们不用付钱，只是不知道昨晚你们有没有休息好。"

那位老先生突然说："年轻人，你想不想经营一家自己的大型宾馆呢？"

年轻人说："想，我正在努力实现自己的梦想。"

老先生说："好，我在纽约给你开一家宾馆。你来给我经营，怎么样？"

年轻人以为这是一句玩笑话，也没太在意，出于礼貌说了一句："好吧，老先生，谢谢。"

没过多长时间，这位年轻人就收到了一封信，信里面有飞往纽约的机票，信里面的内容是邀请年轻人去纽约。

年轻人来到纽约繁华的曼哈顿中心区之后，接待他的正是那位老先生，他抬头看见一座富丽堂皇的大厦，感到非常惊讶。老先生说："年轻人，你不是说想要拥有一座自己经营的旅馆吗？我为你盖了这座大厦，希望你能经营好它。"这就是华尔道夫酒店第一任总经理的故事。

有人说他太幸运了，碰到了一个贵人。如果我也能碰见这对老夫妻多好啊。但人生有的时候是"有心栽花花不开，无心插柳柳成荫"。如果同样作为宾馆服务员，我们也碰到一对穿着朴素、哆哆嗦嗦的老头老太太，我们能把他们当回事吗？

所以说，贵人不是自己从天上掉下来的，而是你用自己的德行逐渐经营起来的。有时候，你貌似买了一只看跌的股票，不要着急，慢慢经营，也许它将来就会成为你生命当中的"贵人"。

第六章 人生成本论（下）

树上的苹果，你希望怎么摘到它们呢

如果在你身边有一棵苹果树，你是喜欢吃一伸手就能摘到的苹果，还是喜欢吃稍微跳一跳才能碰到的苹果？或者是喜欢用尽力气弄一个大梯子，费尽千辛万苦，再拿到最高枝上的苹果呢？

这是一道非常经典的心理测试题，其中折射出来的是每个人对于自己的不同人生定位。选择非常轻易就能拿到苹果的人，是比较喜欢平静安逸、顺其自然的生活的。喜欢需要费力才能够拿到苹果的人，表示这个人有一定的追求，有挑战压力的欲望。而那些理想和志向都非常高远的人，则喜欢做超出自己能力之外的事情，会想尽办法得到最高枝头上的那个苹果。

这样一道测试题，如果用到职场上，所反映的就是职场中的人对于自己的定位问题。

在职场中，有很多成功的人，例如乔布斯，他缔造了“苹果帝国”，取得了辉煌的成绩，是普通人遥不可及的。虽然不是每个人都能取得如此大的成就，但是我们却不能放弃让自己成为这种人的机会。

在生活中，我们经常会看到这样的人：他有一份像样的工作，每天也是正常上下班，就像钟表一样，周而复始地运转。但在工作中，他没有任何自己的想法，不知道自己想要的是什么，对自己没有任何的要求和定位，就像是一个木偶一样，有工作也和没有工作一样。

古代把木偶叫作傀儡，就是上面有两个人牵着线，然后左移动、右移动，台上的小人就一蹦一跳地演各种各样的节目。傀儡的线是牵在别人手里的，它的一举一动都在操纵者的把控之下。

傀儡皇帝溥仪就是因为完全做不了自己的主，才丢失了皇位，丢失了江山。实际上，很多人在不知不觉中，已经成了职场中毫无个性和主见的傀儡，完全没有自己的定位，没有任何超越自己的机会。

《菜根谭》中有这么一句话：“人生原是傀儡，只要把柄在手，一线不乱，卷舒自由，行止在我，一毫不受他人提掇，便超此场中矣。”

这句话的意思是：大家都是木偶，没有人能够摆脱被他人掌控的命运，但是每个木偶在人生舞台上演的戏并不一样，精彩与否取决于这根线到底握在谁手里。如果能做自己的主人，自己操持这根线，想卷曲就卷曲，想伸展就伸展，你就可以超越外物、掌控自己。

这里我们需要反思一下我们从小到大所接受到的教育。

21世纪教育研究院的院长杨东平先生曾发表过一个演讲，他提道：“我们的孩子从小到大被别人安排习惯了，所以说即使考上了大学，仍然是没有主见的。”

就以高考为例，每年高考之后报考什么大学，学什么专业，是让很多家长焦头烂额的问题，他们费尽心思找各种专业人士商量。其实，报

△ 人生就如风筝木偶

考专业的时候，我们最应该征求孩子的意愿，孩子喜欢什么，擅长什么，就让他们选择什么，而不是家长擅自做主。

也许有的家长会说："我的孩子不知道喜欢什么，也没有什么爱好，也不知道自己究竟擅长什么，这样的话，我们不帮他做主谁能帮他做主？"这真是本末倒置。

家长应该反思一下，孩子为什么会产生这样的问题？是不是家长从小到大管得太多，以至于他们不知道自己的人生究竟该往哪个方向走？等到长大的时候，到了职场中，他们也不知道自己的职场计划是什么，他们想要做什么样的工作，究竟想要成为什么样的人。

如果一个孩子只知道按照既订的计划去念书，去考大学，找一个普通的工作，别人怎么做他就怎么做，也无异于一个"傀儡"。你只有深入了解自己，才能够设计出独一无二的人生。教育学上有句话叫"每一个孩子都是独一无二的"，我想把这句话用到今天我们给职场人的建议中。

每一个人在人生的每一步上，都有不同程度的成长。如果在人生的每一个步骤上，你走着走着，已经感觉不到自己的成长了，那是一件令人遗憾的事情。所以基于这一点，每一个职场上的人都应该有自己的定位，都要把自己当作是独一无二的，不要和别人比，因为根本就没有比较的必要，因为只有自己才真正了解自己，知道自己最适合做什么，最应该成为什么样的人。

职场中，要学会走不同寻常路

现在我们来讲两个已经在人生旅程上获得成功的人，看看他们是如何在职场生涯中成为让人艳羡的人物的。

我曾经看过一篇文章叫《史努比的笨爸爸》。一提到史努比，应该没有人感到陌生，这个动漫形象早已红遍世界各地。

史努比有一个笨爸爸，就是创造出史努比形象的舒尔茨。舒尔茨是一个特别笨的人，小时候被老师认为无可救药，各科成绩经常是“大零蛋”。好不容易进了中学，各科成绩也经常是不及格。他被人认为是一个笨得要死的人，智商低，什么事情也做不成。

虽然成绩很不好，但舒尔茨心中有一件非常喜欢做的事情，他一直想把这件事坚持到底，想把这件事情做成功，那就是画画。他有一个理想，要画出一个孩子们心中的世界。他要让人们知道孩子们心中有多苦，有多不容易，他们天天挨着家长的训斥、老师的批评，成绩不好，还要受到同学的嘲笑……为了实现自己的梦想，他努力练习画画，终于有一天，史努比的形象诞生了。到今天为止，史努比的漫画形象已经遍布世界的各个角落，没有人不知道它。

舒尔茨原来被大家认为笨得要死，什么都做不成，因为坚持了自己的兴趣爱好，并为之努力奋斗，最终创造出了史努比这个成功的角色。

说到画画，蔡志忠是大家非常熟悉的漫画家。蔡志忠先生有一个观点：没有人和别人是完全一样的。在他看来，很多家长都告诉孩子：你要努力学习，你要上什么样的中学，要考什么样的高中，再考什么样的大学，你要和谁一样。这样的想法其实是不对的。

蔡先生说："我从小就不喜欢上学，我也不想考学，从三岁半的时候，我就在想问题，我为什么这么喜欢画画，我就想画画，经过一年多严肃的思考，到四岁半的时候我决定我这辈子就要画画。然后又经过五年认真的思考，到了九岁的时候，我决定要画漫画，这一辈子我就画漫画了！"

蔡志忠老先生在今天的漫画界有着举足轻重的地位，曾经有过一个统计，在前几年的时候，他的漫画年销售额占到整个市场销售额的83%。

从这两个例子中可以看出，不管你在哪个专业，在哪个领域内，如果你能做出像蔡志忠和舒尔茨这样的成绩，你就是有所成就的人了。

虽然这两个人最初的行为在其他人眼里都是不正常的，他们也都被认为是没有任何成就的人，但他们却并没有因为其他人的看法而自卑、而伤心，也没有因为他人的看法放弃自己的坚持，他们心中知道自己究竟想要做什么。这一点值得我们所有人去学习。

乔布斯在2005年的时候，曾经在斯坦福大学做过一个演讲，在演讲中他说过这样一段话："你的时间有限，所以不要为别人而活，不要被教条所限，不要活在别人的观念里，不要让别人的意见左右自己内心的声音。最重要的是，勇敢地去追随自己的心灵和直觉，只有自己的心灵和直觉才知道你真正想成为什么样的人，其他一切都是次要的。"这段话同样告诉我们，真诚地忠于自己的内心，勇敢地追求自己的内心，有多么重要。

职场就犹如一棵苹果树，无论这棵苹果树是大还是小，只要你想要树上的苹果，就要有一定的本钱：你为之付出了多少努力，你有没有坚守自己的梦想，这都是你的本钱。说到苹果，除了乔布斯和苹果有关联之外，历史上还有一位伟大的人物和苹果有关联，这个人就是牛顿。苹果砸到他的脑袋上，他并没有像其他人一样去抱怨，而是马上进行了思考，最终发现了万有引力定律。

试想一下，如果同样的事情发生在其他人的身上，肯定会有不同的结果。苹果砸到牛顿的脑袋上，牛顿便发现了万有引力定律；苹果进入到乔布斯的事业当中，就建立了这样一个影响深远的大公司。苹果砸到我们的脑袋上呢？也许就只剩下一个包了。之所以会这样，是因为每个人的本钱是不一样的，而这个本钱取决于你付出了多大努力，取决于你是否一直在坚持心中的那个梦想。

人生漫长，珍惜好每一天

小的时候我们都学过朱自清的散文《匆匆》。讲的是每天的时间过去得特别快，不知不觉就溜走了。洗脸的时候，它从脸盆里溜过；看书的时候，它从书本上溜过；躺在床上的时候，它轻轻巧巧地从你脚上迈过。如此这般又过去一天，我们又给世界留下了什么呢？

朱自清的《匆匆》说的是我们怎样对待时间的问题。

一个人对待时间的方式不同，在单位时间里的效率也就不同，这也就决定了这个人的人生处于什么样的位置。如果你一天闲得要死，有大把的时间，想做什么就做什么，这样的人，他的时间是不值钱的，他是不会取得任何成就的。

《菜根谭》里面有这样的一句话："天地有万古，此生不再得；人生只百年，此日最易过。幸生其间者，不可不知有生之乐，亦不可不怀虚生之忧。"

这句话描述了一个非常宏观的概念，天地有万古，好像是千年万载。悠悠运转不停，亘古不变。可是人这一辈子来这世上只一次，此生不再得，就没有任何其他的机会了。在这世上一转眼百年已过，虽然你可能觉得这一百年的时间是很漫长的，但这漫长的时间却在转眼间稍纵即逝。

《菜根谭》说，你有幸投身到世间，你要知道珍惜生命，你要懂得感恩，你要尽量提高生活的质量，要愉快地度过这段人生的旅程，千万不要稀里糊涂地过每一天，不要让大好的时光浪费在无所事事上。

奥斯托洛夫斯基曾经说过："当你回首往事的时候，不因虚度年华而悔恨，也不因碌碌无为而羞耻。"

我们小的时候都曾经背过这句话，背下来很容易，真正去做的话却是非常的不容易。下面这个小故事就充分说明了这一点。

公司里来了一个年轻人，这个年轻人特别能干，到公司才 1 年的时间，就被提升为部门经理。他的升职让部门里的一个老员工十分不满，老员工就去找老板抱怨："老板，凭什么呀？他才有 1 年的工作经验，就当上了部门经理，我都在这公司 15 年了，有 15 年的工作经验，可还是

△ 人生只在瞬息间

在原来的位置，你这是什么意思啊？”

老板回答他说：“你的确是在公司工作了15年，但有一件事情得弄明白，你是把1年的工作经验用了15年，而不是有15年的工作经验。”

很多时候，有的人虽然人在职场，但是心却不在职场，虽然每天都上班，却每天都在混日子当中度过。这样的工作态度，即便是十几年的时间，甚至是几十年的时间，也不会做出任何成绩的，工作能力也不会得到任何提升。

其实《菜根谭》的这段话说的就是职场人对待自己的时间和对待自己生命历程的一种态度。我们可以反思一下自己对工作的态度：大部分人在早晨不愿意起床、全身酸痛的时候，就会在被窝里头看着表，心里想着舒服一秒是一秒。到了工作现场，眼睛盯着时间，想着时钟转到了八小时之后就赶快下班，下班之后总是第一个离开单位。

所以有好多时候，时间在你身上显示出来的不过是你脸上的皱纹和不断增加的年龄而已。而在其他的方面，例如你的心智、你的能力、你的技术、你对事情的认知和对人生的拓展上并没有任何增长。

还有一个故事，是关于美国通用公司的。

有一次，汽车发电机的机组出现了问题，找了好多人来检查也弄不明白故障原因。没有办法，他们只好请来了著名的德国电机工程师斯坦因。斯坦因来了之后，左听听右看看然后摸一摸，就自信地点了点头。他让人拿来一支粉笔，在发电机的外壳上画了一道线，然后说：“这是线的位置，把机器打开，把线圈减少十六匝就可以了。”

通用公司的工作人员把发电机打开之后，把线圈减少了十六匝，果然问题就解决了，一切恢复正常。谈到报酬的时候，工作人员说：“斯坦因先生，您看把您请来解决了问题，需要付多少钱呢？”斯坦因说：“不多，1万美元。”

这个要价让很多人都不服气，他们都认为这也太轻松了，就拿粉笔在发电机外面画一道线就值1万美元啊！斯坦因笑着说："拿粉笔在发动机外面画一条线值1美元，知道在什么地方画线值9999美元。"

这个故事告诉我们：如果想要在职场上走得更高，找到一个更好的定位，你就得明白自己想要哪根树枝上的苹果。你想要哪根树枝上的苹果，又和你对待时间的态度有很大的关系。

斯坦因之所以知道将线画在哪里，和他的经验是分不开的，他的经验又是凭借着多年的时间积累起来的，他的时间没有白费，他的人生也是没有白费的。

人要知道吃哪根树枝上的苹果

在前文中，我们讲到了如何认识自己，如何定位自己，但是要想知道到底应该选择哪根树枝上的苹果，我们还要不断地超越和提升自己。

在这里，我们首先要说一下"跳蚤效应"。跳蚤是世界上的跳高冠军。它能够跳的高度是自身身高的400倍！

心理学上有一个著名的实验——跳蚤效应。实验者把跳蚤放在一个杯子里面，这个杯子很矮，刚放进去的跳蚤一下就跳出来了，于是实验者就用一个盖子把杯子盖住了。

这样一来，跳蚤一跳就撞到盖子上了，再一跳又撞到盖子上了，如此两三次之后，跳蚤也很聪明，也许它想："这上面有东西在挡着我，我跳不过去，既然这样我就不跳那么高了，它也就撞不着我了。"所以它就只在盖子下面的高度跳来跳去。实验进行了一个星期之后，人们将盖子拿掉，跳蚤还是在原来的高度上跳来跳去，它一直认为那盖子还在，自此之后，跳蚤始终也没有跳出杯子了。

心理学上的“跳蚤效应”说明，我们的能力本来是可以被无限挖掘的。但是好多时候，我们被自己、被他人或者是被一些不知觉的外在表象限定了高度，也就再也发挥不出来自己内在的潜能了。

《菜根谭》里面就有这么一句话：“立身不高一步立，如尘里振衣，泥中濯足。”管理学上也有这样一种理论：适当的目标可以激励一个人，而且在合理范围内可以创造超越他自身能力的成就。

《菜根谭》说的就是立身。就是给你自己所设定的目标，应该更高一些。立得比你自己要高一些，给自己一个期待值，给自己一个努力值。如果你立身不高，对自己没有任何的期许，没有任何的筹划，没有任何梦想，这就像“尘里振衣”。衣服上有了灰，抖一抖，就能稍微干净一些了，可是如果你处于大风沙的环境里面，要抖到什么程度才能将衣服上的灰抖干净呢？

走了很长时间的路，脚很脏了，洗一洗就能干净了，可是如果你在泥水里洗脚，你又能洗干净什么呢？

如果在立身的时候对自己没有任何想法，对自己的人生没有任何的计划，这样的人是永远也不可能超脱，永远不能站在高于自己的角度上，高屋建瓴地去看问题。

说到立身要高的问题，我国古代就有一个这样的例子：

东汉时期史学家班固有一弟一妹，妹妹特别有名，是大才女班昭，弟弟则是班超。班超小时候没有什么特别的地方，虽然有些才华但是也没有找到好工作，在政府机关做了一名办事文员，每天就是抄抄写写，传传送送。

有一天，班超在大家埋头整理文件写东西的时候，愤然投笔于地，说出了令人非常震撼的一句话：“大丈夫无他智略，当效傅介子张骞立功异域，安能久事笔砚间乎！”

▷《投笔从戎》连环画封面

意思就是说：大丈夫即便没有什么其他的想法，没有更高的志向，也应该像傅介子和张骞一样出使西域，建立功勋，怎么能天天在这儿抄抄写写的，埋没在笔墨纸砚之间呢。

当时周围的人都纷纷劝阻说："你能够在政府机关里谋一个职位，是多么的不容易，已经是相当的不错了。"用我们今天的话说，就是公务员不是谁想当就能当的，这工作相当不错了，得花多少年才能考上啊！虽然工资不高，但衣食无忧，撑不着也饿不死。

当班超做出这样惊人的举动之后，大家都笑他是发神经了，好好的日子不过，竟然要远赴战场。这时班超又说了一句："小子安知壮士之志哉。"意思是你们这帮家伙根本就不知道什么是壮士的志向。

光说不练是没有用的，班超不仅仅是嘴上说说而已，他真的投笔从戎，去参军了，跟着部队到了西域。在西域诸国，班超运用自己的胆识，几次立下大功，安抚了当时动荡不安的西域各国，被看成像父亲一般的人物。后来皇帝要召他回朝的时候，西域各国人民匍匐在地上抱着马腿痛哭不已，都不让他走。

班超的故事告诉我们，如果你给自己的目标定到一尺，那么你永远也不会跳到一丈的。目标有多高，将来就会走多远，职场生活同样如此。

人生的方向是掌握在自己手里的

著名的哲学家叔本华曾经说过这样一句话："有的时候，人们受的影响其实不是事物自身，而是我们对待事物的看法。"有时候我们会给自己暗示，例如一位辛苦的老师会想：今天自己不行了，头昏脑涨的，难受死了，不能上班了，要倒在讲台之上了。这样暗示自己的话，你就完了。

如果说给自己另外一种暗示，例如："我站在这样的一个位置之上，就像打了兴奋剂一般，一下子拥有了一个非常好的状态。"你果然就精神百倍了，有的时候心理暗示对人的作用是非常重大的。

有这样一对父子，父亲本身没有什么文化，也不经常看书读报纸，他是做热狗生意的。别看他没什么文化，但他对待工作十分认真，无论是准备食品还是招呼客人，都非常认真热情，因此他的生意也一直做得很好。

他的儿子大学毕业之后，暂时找不到工作，就帮忙打理生意。

他到父亲的摊位上去卖热狗。只见老爸忙里忙外、热火朝天，就很奇怪，他对老爸说："你怎么这样忙碌？你知不知道现在金融危机？"

他老爸说："不知道呀，什么叫金融危机呀？"

他的儿子解释说："金融危机就是说全球经济在萎缩，客源将会减少，以后经济肯定要不景气。如果你还进那么多货的话，肯定要出现积压的问题，将来的经营状况会越来越不好。"

老爸说："有这么严重啊？那我还真不知道。"他觉得自己的儿子是大学生，肯定比他强，既然他的儿子说有经济危机了，他就要注意这件事情。

第二天进货的时候，就刻意少进了很多的货。他想，反正经济都出现了危机了，客源也会萎缩，就不进那么多的货了。

做生意的时候，他也变得漫不经心。大家很奇怪，老板招呼客人没有以前热情了，货源也不充足了，有的热狗甚至还是干干巴巴的。很多客户都不再光临这家店铺，老板的生意也一天一天下滑。

他儿子看到这种情况，得意地说："爸爸你看，我没说错吧，经济危机出现了吧，现在生意越来越不好了吧？"

这个例子说明了一个问题：我们对于自己的发现，要建立在给自己设立一个合理定位的基础上，而不能以一种非常消极的方式去暗示，给自己带来非常负面的影响。就像之前那个杯子里的跳蚤一样，如果你给自己的人生限制了高度，你就一辈子跳不出那个杯子了。

人类脑细胞的容量是没有限度的，即使是最伟大、最聪明的爱因斯坦，也只用了不到5%，普通人可能就只用到了1%而已。人类大脑能开发的潜能实在是太大了，我们可以干的事情有很多。这样看来，我们会觉得自己很不一般，能够做成很多大事。

可是我们究竟能做什么，能成就什么大事呢？就像刚才我举的那个苹果树的例子一样，你能拿到哪个位置的苹果，不是简简单单的一些现实的功利性的因素所致的。

有这样一个故事，经常被用于西方传统的教育之中。

在建筑工地上，三个工人在砌墙，经理走过来。他走到第一个工人面前，对他说："你一定得好好砌墙啊。"然后他又走到了第二个工人面前说："咱们工地要盖一个大房子，你一定要好好砌墙啊。"接着走到第三个工人面前，他接着说："我们建起一片高档楼区，我们要规划一个非常美好和谐的城市。"经理对三个工人说完了不同的话，他就走了。

过了很久，工人将墙都砌完。他回过来看，第一个工人，把墙砌得也就算是勉强可以，但是一些破砖头还放在里面，线吊得也不是很直。

经理说："你怎么砌成这样，这墙砌的是什么啊？"

工人说："不就是一堵墙吗？没准这就是咱们围工地用的呢。又没有多大的用处，盖成什么样不行啊。"

经理接着走到第二个工人面前，第二个工人把这墙砌得笔直，非常平滑。经理表扬道："干得不错呀！"

工人说："你说我们要盖一栋大房子，万一这堵墙弄得不好的话，不影响整个房屋质量了吗？所以我做得特别认真，做得特别谨慎。"

到了第三个工人面前，他发现第三个工人把最漂亮最好的砖都用到了上面，把墙砌得整齐漂亮得像一个艺术品，经理问道："你是怎么做到的？"

工人说："我砌墙的时候，就觉得特别骄傲、自豪，我想象着在高档楼区里面经过，走到这儿一看是我砌的墙，将来整个城市因为这个楼区越来越漂亮，我该有多么的自豪啊。"

这就是目标不同、理想不同、定位不同所带来的不同结果。

目标不同，结果就会不同

《菜根谭》中有这样的话："不昧己心，不拂人情，不竭物力，三者可以为天地立心，为生民立命，为子孙造福。"

这句话化用了宋代大儒张载的名句："为天地立心，为生民立命，为往圣继绝学，为万事开太平。"

放在今天，有的人可能会认为这个理想太过伟大，跟自己的距离有点远。实际上，《菜根谭》想表达的是在儒家思想中的"修身齐家治国平天下"。也就是说，你修正自己、做好自己的事，跟你将来去实现理想，甚至为天下人去谋福利，永远是一脉相承的。

不昧己心，就是做事凭着良心，别昧着良心。不拂人情，拂就是拂逆，跟人处关系的时候，别逆着人的情感来，要了解到人家是什么样的心理，自己应该以什么样的心态去面对别人。“不竭物力”，就是不要急功近利、耗尽所有的资源，要保持可持续发展。

做到了这几点，就可以“以一颗一己之心，来体会周围所有人千万人之心”。以一己之力，做到了自己的分内之事的话，即使是一点点小的事情，也等于在为天下百姓造福，为子孙后代谋福利。

市场经济之下每个人都在谋求自己利益的最大化，但是绝不要忘记“人人为我，我为人人”。

我们每个人的心中都应该保留着这样一个对最高处苹果的美好期待，这样你的人生才能走得更远，你的职场生涯才会有更多的期待和更大的成就。

第七章 9C领导原则（上）

什么是“9C领导原则”

每个职场中的新人都想当老板，问题的关键在于怎么样才能当好一个老板？

曾经看过一本书，是由美国产业界的英雄艾柯卡所写，这本书叫《什么是真正的领导》。艾柯卡在福特汽车公司一直做到了总裁的位置。

在艾柯卡53岁时，在人生几乎已经功成名就的时候，忽然间，老板觉得：“你功高盖主，大家都知道你艾柯卡，都不知道我老福特了。这样下去怎么行呢。”艾柯卡因此遭到了解雇。

被解雇的艾柯卡，在53岁的时候再次创业，一手把克莱斯勒这家公司做大，解决了无数人的就业问题，偿还了数以亿计的债务，创造了产业界的一个奇迹，甚至被称为拯救美国的英雄。

他在《什么是真正的领导》这本书中提出：“一个真正的领导者应该

要有9C原则。”这九个原则都是用字母C来开头的，例如好奇心、创造力、沟通力、勇气、品格和信念等，所以就叫作领导者的9C原则。

有趣的是，《菜根谭》当中也有一些话与这个9C原则不谋而合。

第一个C，沟通力。沟通力的英文是Communication。在今天的各个单位、各个行业里面，有一项工作能力是非常重要的，这项能力就是沟通力。

我们一般把企业的执行总监叫CEO，是Chief Executive Officer的简称。在清华大学一个高级经理人的培训班上，提出过这样的理念：一个企业的首席执行官叫CEO，莫不如叫CCO，就是Chief Communicate Officer，也就是首席沟通官。

我曾经看到过这样一个报道：

在美国，有一次对三百多位企业界的成功人士进行了采访。在这个采访中，有一个问题是：你们认为自己成功的因素是什么？有85%以上的人都认为是自己凭借着卓越的沟通能力，让整个企业得到了发展，达到了和谐共赢的状态。

《菜根谭》当中说：“建功立业者，多虚圆之士；偾事失机者，必执拗之人。”站在今天的角度来说，就是职场中取得成就的人物，多数都是“虚圆之士”。

需要注意的是，这里的“虚”不是虚头巴脑的虚，而是虚怀若谷的虚。一个人的沟通能力就好像是一个几何图形一样，圆的张力是最大的。一个虚圆之士，就是善于沟通、协调、圆融各种各样人际关系的人物。

而“偾事失机者”，指的就是性格冷僻、一意孤行，非常偏执的人。因为这样的性格特点耽误很多事，是失掉事业发展良机的人。

《菜根谭》给人带来的诸多启示中，最重要的一点就是，它解决的是“人”的问题，包括如何提升人的自我修养，如何提高人和人之间沟通交往的能力，营造非常和谐向上的人际关系，从而达到事业和团队的成功。从这个角度而言，《菜根谭》告诉我们："想要当老板，首先要记住第一条——会沟通，这样才能够解决好自己以及周围人的问题，为事业发展打好铺垫。"

如何成为一个好的领导

有一个经理，董事会对他的业绩和工作情况非常不满，责成他写一个报告，对整个团队情况进行反思。经理特别上火，回到家绞尽脑汁地琢磨，自己失误的原因究竟在哪里。

这时候他的儿子走过来，对他说："爸爸你陪我玩一会儿好不好？"

这个经理正烦着呢，就对儿子说："一边玩去，爸爸正在想事情呢。"

儿子坚定地说："不行，你必须得陪我玩。"

经理没有办法，就顺手拿过来一本杂志，咔咔咔将书上的封面撕碎了，将碎片扔给儿子说："你去把这个封面拼好，如果拼好了我就和你玩。"

这个杂志的封面是一个世界地图，他撕成好多片，认为儿子肯定拼不好，即使拼成了也得花费好长的时间，他正好可以借助这个机会消停一会儿，好好写自己的报告。

报告才写了一会儿，儿子就进来了，手里拿着拼好的封面。

爸爸说："你这么快就拼好了，我要检查一下，如果你拼得不对，今天就有你好受的了。"

孩子非常委屈地说："我真的拼好了，不信你看。"

这位经理拿过来一看，果然拼好了，就问儿子："你是怎么在这么短的时间内拼好的？"

儿子说："封面的背后是一个人，我在想，如果人拼对了，世界地图不就对了吗？"

经理恍然大悟："是啊！如果将人安排对了的话，世界地图不就对了吗？"

这个故事给了我们好多的启示：如果在职场上想要做好一个领导，仅仅自己有能力是不行的。即使你有着智慧的头脑和决绝的毅力，也要安排协调好整个团队。

古代君王治天下的时候，在驾驭臣下方面有八种手段，到底是给予爵位还是要去掉他的官职，是奖励还是惩罚，或者是诛杀？

商朝时期，有一位著名的相叫伊尹，他是一个特别善于用人的人。如果开展一个土木工程，建造一个王宫，他会让腿有劲的人负责挖，让肩膀有劲的人负责背，啥劲也没有的驼背就负责粉刷地面。即便是只有一只眼睛的"独眼龙"，也会让他用仅有的一只眼睛负责吊线。在他的眼里面没有废人，每个人都能各得其所。

伊尹的故事给了我们一个非常重要的启示：一个卓越的领导最重要的能力就是带好他的团队，这是一个领导最大的智慧。

在中国的传统文化中，有智慧的领导很多。比如刘备很容易让人以为是一个无能的君主，除了哭就是摔孩子，不是装可怜就是收买人心。但是，很多人忽略了他十分善于协调的能力，能把关羽、张飞、赵云、诸葛亮等一帮文臣武将协调得很好，从而成就帝业。

再比如汉高祖刘邦，他被称作"武不能安邦，文不能定国"，但是他就是特别善于用人。流亡贵族张良，老乡至交萧何，平民走卒韩信，德行不好的陈平，杀猪屠狗的樊哙，他都用得很好。他让张良出谋划策，让萧何安邦定国，让韩信带兵领将，让陈平制定律法。这就叫会用人。如果让张良去带兵，让韩信去定国，那就完蛋了。

再比如唐僧，他也是一个没有什么能耐的领导，既不会七十二变，手又无缚鸡之力，但是他却带领着一个十分协调的团队。孙悟空负责打妖怪，沙僧负责挑行李，猪八戒则负责插科打诨增加团队的幽默气氛，所以这个团队才能够一路坚持取得真经。

所以，作为一个成功的领导，一定要具有良好的协调能力，无论面对什么样的人，都能够组合成一个合理而有效的团队。

9C 中的品格

艾柯卡在 9C 原则里还提到了一个 C，这个 C 就是品格，英文是 Character。艾柯卡所说的“品格”，指的是要有头脑清醒、明辨是非、抉择取舍的能力。

如果作为一名领导，不能够正确区分是非黑白，就必然会对你的下属造成不好的影响，造成“上有所好，下必甚之”的结果。楚王好细腰，宫中多饿死，所以一个领导的喜好决定了他将带出一支什么样的队伍。

春秋时期，齐景公的手下有几位重要的大臣，司马穰苴、晏婴，还有一个宠臣叫梁邱据。

有一天晚上，齐景公忽然看着夜色十分美好，就想喝酒唱歌。可是无人陪伴。于是，齐景公就拿着酒，抱着琴来到了晏婴家。

晏婴听说君王来了，马上换上上朝的衣服，穿得非常正式，用现在的话说，就是穿上西装打上领带，拿着公文包站在门口迎接，还以为国君突然造访，有什么紧急的外交事务需要商讨。可是，齐景公他不过是想喝酒唱歌而已。晏婴听完齐景公的来意后掩面长叹，让他去找别人。

齐景公觉得很扫兴，他移驾到了司马穰苴家门口，司马穰苴是个著名的军事将领，他一听说君王驾到，心想肯定是边境出现了问题，马上换上了铠甲，拿着兵器站立在门口迎接，并且问道："君王，是不是边境出现了战事？我们是要出兵应战吗？"齐景公说明了来意，又被司马穰苴拒绝了，齐景公只好又去找别人。

齐景公再一次移驾到了梁邱据家的门口。只见梁邱据老早就换上了华丽的衣服，弹着琴，唱着歌迎上来，说："君王，今夜月色如此美好，我们一起饮酒欢歌如何？"齐景公感叹道："没有晏婴，谁为我们治理百姓呢？没有司马穰苴，谁为我们保家卫国呢？没有梁邱据，谁陪我饮酒欢歌呢？"

三个臣子，三种风格，与谁更接近，决定了这个国君和国家将来的命运。《菜根谭》对历来的领导人物有一个建议："士君子处权门要路，操履要严明，心气要和易，毋稍随而近腥膻之党，亦毋过激而犯蜂虿之毒。"

如果要走权门这条路，就得有做领导的能力。无论做一个什么样的领导，都要注意个人的操守和性格品质，做事光明磊落，不要有什么见不得人的事情。

其次是要心气平和，不要去接触那些为人邪辟、心术不正的人，也不要和一些奸佞的小人太亲近。同时，为人处世千万不能太偏执、以免激怒那些阴狠毒辣的人。

我们再来举一个例子，这个人就是春秋时期的一代霸主齐桓公。

齐桓公是春秋五霸之一，是个很厉害的人。他除了有管仲这样的贤臣之外，还特别喜欢三个人。这三个人是易牙、开方和竖刁，名字都很奇怪。

易牙，特别会做菜，烹饪技术极高，做的饭非常好吃，齐桓公特别喜欢他。易牙做了一件令人十分震惊的事情——他为了让齐桓公吃到无比鲜美的菜肴，竟然把自己的儿子杀了，做成肉羹奉献给君王。

开方，本来是魏国的一个贵族，为了表示对齐桓公的忠贞不二，十五年如一日追随他，甚至连自己的爹妈死了也没有回去看一眼。

竖刁，为了表示自己永远追随主子的决心和勇气，竟然把自己给阉割了，进宫做了一名宦官，表示永远会陪伴齐桓公左右。

这三个人在齐桓公的身边，将齐国弄得乌烟瘴气。管仲在临终前，曾经叮嘱过齐桓公，让他要离这三个人远一点儿，否则的话就会死无葬身之地。

齐桓公刚开始的时候接受了管仲的建议，把这三个人弄到外地去了。可是过了没多久，就跟犯了大烟瘾一样，吃不香睡不着，干什么都没意思。于是就又将这三个人叫到了跟前，让他们留在了朝廷当中。最终的结果是什么呢？这三个人倾覆了朝廷，发动变乱，齐桓公果然死无葬身之地，尸体停放了六十多天都没人管，长满了蛆虫。一代霸主如此终结。

不止历史的经验教训，现代企业管理同样如此。IBM 的总经理沃森曾经说过一句话："对于重用的那些拥有真才实学的人，我是从不犹豫的；可是那些围在你身边总是说一些恭维的话，总会陪你做任何事情的，任用这样的人却是一个莫大的错误。我寻找的是个性强烈、不拘小节、直言不讳，甚至会令人不快的人。忠言逆耳、良药苦口，正人君子和有真实才学的人往往不一定让人感到快乐和有趣，但是这样的人，对整个的团队，对于领导自身，乃至于对于整体事业的发展，都是有利的。"

9C 中的好奇心

艾柯卡在 9C 原则中还说了一个 C，这个 C 就是好奇心，Curiosity。

什么是好奇心呢？难道是喜欢八卦，愿意打听别人的隐私？

其实，拥有好奇心不是最重要的，重要的是好奇的内容。我们来看

《菜根谭》是怎么说的。

《菜根谭》说:“宁为小人所忌毁,勿为小人所媚悦;宁为君子所责备,勿为君子所包容。”

当一个领导并不容易,你的团队什么人都有,做事情的时候,你要宁可被小人所忌毁,也不要被小人阿谀奉承。也就是说,你平时不善于搭理这些小人,让他们的心里非常不平衡,他们非常嫉妒你,因此就诽谤你。即使是这样,你也要坚守住原则,否则你就完了。

如果你身边有一些说真话的、个性耿直的、品行很好的人。你宁可被这样的人所刺激所责备,即使他们说一些忠言逆耳的话,你也要对他们有一颗包容的心。否则就会让真正有能力的人从此远离你。

能够包容这样的人,其实非常不容易。谁都愿意听漂亮的话,谁都愿意听夸奖自己的话。能够听进去让耳朵根子不舒服的话,能够听得进去扎心的话,才是一个领导必备的高贵品质。

我们来举例一个古时候的大领导,创造贞观盛世的唐太宗。有一次,唐太宗打算修乾元殿,这个想法还没有实行,有一个叫张玄素的小官就上奏劝阻说:“秦始皇修了阿房宫,秦朝就灭亡了,如果皇上今日再修乾元殿,唐朝离灭亡也就不远了。”

唐太宗一看奏折,立刻将张玄素召到大殿之上。官员们议论纷纷,他们认为张玄素的级别太低了,怎么能和魏征相比呢,竟然言辞如此犀利,到了大殿之上肯定不会有什么好果子吃。

张玄素上殿之后,唐太宗说:“你是想要把我比作商纣夏桀这样的暴君吗?”

当唐太宗说出这句话之后,大家伙都为张玄素捏了一把汗,都希望他别犯傻,别说一些大实话。

张玄素很淡定地说:“皇上,如果您重修了乾元殿,就和商纣夏桀差不多了。”

张玄素此言一出，大家都在想：“这下肯定完了，张玄素要没命了。”

可是，唐太宗听完之后却哈哈大笑。他当即下令说：“好，既然你这么说，那朕就收回重修乾元殿的命令，为天下的苍生多谋一些福利。”

这就是唐太宗的魅力，也是他能成为一代明君贤主的原因。俗话说得好，“兼听则明，偏听则暗”。

△ 阿房宫

所以《菜根谭》里面就有这样的话：“毋因群疑而阻独见，毋任己意而废人言，毋私小惠而伤大体，毋借公论以快私情。”

作为一个领导者是不容易的，不要轻易放弃自己的立场，但同时也不要一意孤行，不听大家的意见；不要因为一己之私，伤害群体的利益，也不要借助公众制造某种言论，从而达到自己的私人目的。

在日本有四大经营之圣，其中一个就是索尼公司的缔造者——盛田昭夫。盛田昭夫所经营的索尼公司，迄今为止，很多电子产品都是非常出色的。

在20世纪四五十年代的时候，当时

索尼公司推出来的第一个产品就是磁带式录音机，也就是咱们小时候都用过的那种，当时刚推出来的时候收获一片赞誉，成了音像制品的先锋。

可当时盛田昭夫接到了一封信，这封信的内容说：“你推出的这个磁带式录音机在我看来就是一堆破烂，一钱不值。”

这封信的内容让大家都非常吃惊。写信的人叫大贺典雄，是一个音乐家，个人的造诣很高，在西德受过多年的专业音乐训练。当时磁带式录音机收获了一片好评，而他在这个时候说这个话是什么意思呢？就当所有人都对这封信表示反感的时候，盛田昭夫却展现了自己的包容能力。

他不仅没生气，而且直接把大贺典雄请到公司来，让他做录音机事业部的部长，直接负责他擅长的音乐专业。从此以后，大贺典雄的人生命运就发生改变。他也因此感恩戴德，非常认真地工作，逐渐从录音机事业部升到商务部，最后一直做到了索尼公司的副总裁，为索尼的发展做出了巨大贡献。

第八章 9C领导原则（下）

9C中的能力

艾柯卡在9C原则里还说了一个C，这个C就是能力，英文是Capability。有的人会觉得这是一句废话，当领导的没能力怎么能行呢？没有金刚钻，谁敢揽这瓷器活呢？

一个人处于什么样的位置，是有一定原因的。作为领导最重要的一个能力，就是一定要知道自己在做什么，而且要让下属和员工明白他们应该做什么。简而言之，就是赏罚分明，在管理学当中把这个叫作激励机制。

一个全国连锁餐饮企业的老总说过这样的话："作为一个领导，必须在你的员工当中树立威信。你要会奖，在适当的时候奖励他，奖励得他痛哭流涕。你要会罚，在该罚的时候罚得他胆战心惊。"

这句话说得很形象。赏罚分明，历来都是古代为人君者必须懂得的领导艺术。

《菜根谭》说："功过不宜少混，混则人怀惰隳之心，恩仇不可太明，明则人起携贰之志。"

功过不应该混淆，谁有功谁有过，都应该有一个区分和把握的尺度。掌握好这个尺度，就相当于是领导的手里多了一个尚方宝剑。如果该奖的时候没有奖，该罚的时候没有罚，就会打消人的积极性，让人变得怠惰。

刘邦打下天下之后，他就大封自己的亲戚，除了封同姓的诸侯王，又封了很多异姓的诸侯王。

封了这些王之后，有一次，他在宫殿走廊之上和张良散步，远远看去，落水沙滩上有很多的将领三五成群地在那里，唧唧喳喳地好像在讨论什么事情。刘邦就说："他们在说什么呢，是不是在讨论我呢？是不是在赞扬我取得了这么大的功绩呢？"

张良对刘邦说："他们在说想炒你鱿鱼，想去造反，想把你董事长的位置给撤了。"

刘邦说："这什么意思呀？我这不是刚刚建国吗？还大封功臣，怎么能要造反？"

张良就说："你虽然已经封了很多功臣，但是这些人还没受封。他们在想，今天奖励这个，明天奖励那个，那什么时候奖励到我呢？如果君主哪天心情不太好，不仅不给我封赏，反而要把我现有的官职再给撤下来怎么办呢？如果是这样的话还不如早做打算，干脆造反吧，咱们也当老总。"

刘邦恍然大悟，他喜欢的人都封了王，他不喜欢的人就要被收拾，那将来怎么办？他听了张良的建议，就封了一个他平生最不喜欢、最讨厌、最憎恨的雍齿做将军。封完了之后，大臣们都奔走相告，认为刘邦既

△ 汉殿论功图

然能把最讨厌的雍齿都封做大将，那我们还担心什么，从此以后国内才平定下来。

这样的例子举不胜举。功过和恩仇，一个是于公有利的事情，一个是于私有关的事情，绝对不可以混杂在一起。

赵匡胤是宋朝开国的皇帝，他手下有一个赵普。就是那个据说以半部《论语》治天下的著名大臣。

有一次赵普给宋太祖赵匡胤上奏折，说因为某某将领功勋卓著，要给他提拔升级。赵匡胤一看，这个将领是他最讨厌的人，就没搭理赵普。

赵普见皇帝没有什么反应，第二天照常上奏折，赵匡胤一看还是这个人，于是又不说话。如此这般，上了两三次，最后一次又到了上奏折的时候，赵匡胤干脆直接把奏章撕掉了。

赵普也有办法，他把奏折粘起来又送了进去。赵匡胤不由得大怒，痛斥赵普，说整个天下都是自己的，一个人到底是升官还是不升官，自己还决定不了吗?

赵普当即就回答：刑是用来惩罚的，奖是用来鼓励的。刑和赏都是事关国家全局的事情，不是皇帝一个人的事情，皇帝不能凭着自己个人的恩仇好恶去决定。

这番话说出来之后，赵匡胤哑口无言，只好听从了赵普的意见，给那个将领加官晋爵。

其实不只是在历史之中，在现代企业管理中也是同样如此。

美国有一个非常有名的国际农机公司，它的创始人是梅考克，他曾经碰到过这样一件事：

有一个老工人，在工作期间经常酗酒，总是喝得烂醉如泥，然后倚老卖老开始胡作乱闹。按照工厂的规定，是要对他进行严厉惩罚的。

梅考克在得知这件事情之后，觉得非常为难，这个老工人从国际农

◁ 宋太祖赵匡胤

机公司创业开始，就一直忠心耿耿地跟随他，在他最低谷的时候也没有放弃他，一直在他身边，不计报酬，任劳任怨。

最重要的是，梅考克和老工人相处得如同父子，感情深厚。处理这件事相当棘手。但是，老工人已经严重违反了厂里的规定，如果不对他进行处理的话，对其他人都是不公平的，很难安抚其他人的心，以后管理起来也相当困难。最终，梅考克做了一个艰难的决定。

他决定开除老工人，这个决定让全厂一片哗然。随后老工人借着酒劲冲到他办公室里来，对他说："梅考克，你真的是一点儿良心也没有啊！我是看着你长大的，你有多大能耐我还不知道吗？你是怎么起的家，你心里不清楚吗？我是怎么帮你的，你都忘了吗？"

梅考克非常平静，他说："这些我都知道，你的功劳的确很大。你对我的帮助，对工厂的贡献，我也从来没有忘记。但是我们有规章制度，在厂内酗酒是违反规定的，违反了规定就必须要开除，这些情况你都应该了解。你是这里的老员工，也知道这项规定，你还故意违反，难道不知道这样做会有什么样的结果吗？”

这些话让老工人哑口无言，很伤心生气地拂袖而去。

后来，梅克考了解到，老工人是因为家里贫困潦倒，心情不好才酗酒，所以才发生了这样的事情。于是他就特意找人给老工人家里送去了一笔钱，并安排他到另外一个农场去做管家。这位老工人十分感激，在新的农场里尽心尽力地工作。梅克考则利用这件事情做到了信赏必罚，给所有员工上了深刻的一课。

对于一个领导者而言，信和赏就是你手里的一把双刃剑，用得好的话可以无限增加你的威信，用得不好的话会让你声名扫地。只有像梅克考这样的领导，信赏必罚，坚持原则，有效利用赏罚的激励机制，员工才能心甘情愿追随你，和你一起共同创造事业辉煌。

9C 中的魅力

9C 中的第五个 C 是魅力，英文是 Charisma。在很多韩国的娱乐节目里，主持人经常以夸张的表情形容某个巨星魅力无比，吸引了大家的眼球。那么，如果这个词用到领导者的身上，一个领导应该具有什么样的魅力，才能让他的追随者心无旁骛，一心一意呢？

作为一个领导者，无论是一个单位的领导者，还是一个企业的领导者，拥有魅力是非常重要的一件事情。

一个有魅力的领导者，即使你的公司很小，但客户就是愿意跟你合作，员工就愿意在你这儿干。一个没有魅力的领导者，即使你的公司很大，客户就是不愿意和你合作，员工也不愿意在这里干，人才也不愿意到公司里来。

自古人心皆是如此。三国里的曹操把徐庶抓起来，要给他高官厚禄，让徐庶为他卖命。可是虽然得到了徐庶的人，却没有得到徐庶的心。因此，徐庶进曹营一言不发，到最后都火烧赤壁了，曹家军几乎都要全军覆没了，徐庶还是没有出一计。你把我人逮来了，但是没有得到我的心。我一个计策也不给你出，你也拿我没办法。

再如诸葛亮和刘备。刘备是一个卖草鞋的小人物，小小的蜀国被他折腾来折腾去，最终也没有成气候，但诸葛亮却心甘情愿地为刘备奋斗，可谓是鞠躬尽瘁，死而后已。

这就是领导者拥有魅力的重要性。如果你做到了，团队中的人就心甘情愿为你卖命。刘备是怎么做到的呢？他怎么拥有如此大的魅力呢？有人认为他没有什么大能耐，关键时刻除了痛哭流涕就是发狠摔孩子，这样的一个懦夫是如何赢得智慧与能力并存的诸葛亮的忠心呢？

刘备身上有一个十分厉害的素质，这个素质就是刘备根本不在乎将自己表现成为一个懦夫，他喜欢将功劳让给臣子。只要一件事情做成功了，无论是改革还是作战，刘备常常说的话是："这不是我的功劳，都是丞相的功劳。"

一直到后来，刘备卧病在床、奄奄一息、行将就木的时候，他还在说："朕自得丞相，幸成帝业。丞相多年跟随我，鞠躬尽瘁，死而后已。只可惜我智识浅陋，福气微薄；要不然的话，大蜀肯定早已功成业就，不是今天这种局面了。这一切不怪你，都怪我。"诸葛亮听闻此话痛哭流涕，发誓会好好辅佐后主刘禅。这就是刘备作为一个成功领导者的智慧：推功揽过。有功劳的话，就归功于下属，有责任有毛病，揽到自己身上去。

《菜根谭》说："当与人同过，不当与人同功，同功则相忌，可与人共患难，不可与人共安乐，安乐则相仇。"

身为领导，如果在工作过程当中出现了问题，出现了毛病，一定要主动承担过失，不要担心会出现什么样的后果；而一旦有了荣誉和功劳，则千万不要主动去争功。

揽过推功不是窝囊的表现

作为一个领导，过于争功，就会给自己甚至是团队带来不好的影响。以勾践为例，当他终于战胜了吴国，自己一个人握着胜利果实的时候，就是不愿意跟臣子们分享，结果导致范蠡弃他而去，而勾践的事业则渐渐地走了下坡路。

有的人可能会认为，如果把所有的功劳都给下属的话，就会显得自己很窝囊，就会觉得自己一事无成，因为把功劳都给了下属，下属把事情都做完了，作为一个领导却什么业绩都没有。其实，领导的这种担心是没有必要的。

我们来举个例子。在一个大型的颁奖舞台上，或者是说一个表彰大会上，上台领奖的人总会说："感谢我的团队，是你们的精诚合作帮助我获得成功；感谢我的家人，是你们给了我支持；感谢我的领导，感谢你对我的鼓励，感谢你对我的培养。"

感谢的话说了一大堆，却唯独没有感谢自己，就感觉这个奖项跟自己一点儿关系也没有似的。事实上，所有的人心里都明白，之所以获奖，和个人的努力是分不开的。

感恩他人、归功于他人，这远远不只是一种客套，而是重视到了和别人分享的重要性，同时也乐于把自己这样的一个胜利成果跟别人分享。如果你不是这样的人，终究是成不了大事的，就比如当年的韩信，他为什么不跟着项羽？项羽是一个挺厉害的人，力拔山兮气盖世，但仍然没

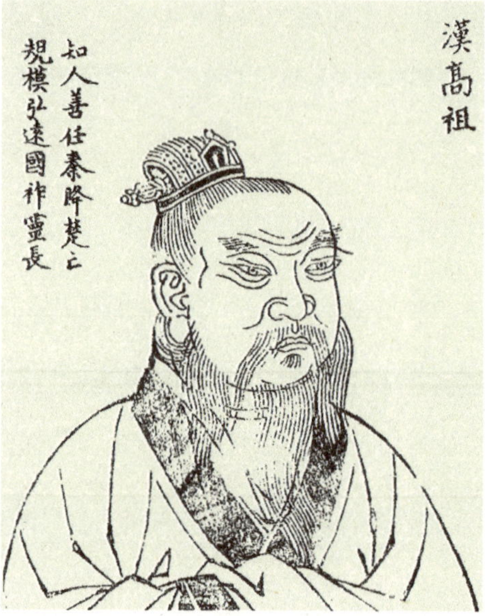

◁ 汉高祖刘邦

能留住韩信。

刘邦问他："你为什么不跟着项羽呢？"

韩信就讲了一个"妇人之仁，匹夫之勇"的故事。

韩信说："项羽做人挺好的，士兵打仗受伤了，看到伤口他就会流眼泪，还会亲自给人家治伤疗毒，甚至还用嘴吸脓，这都太感人了。但是当下属有了功劳的话，他觉得应该给人家封官，却总是舍不得手里的官印，放在掌心摩挲来摩挲去，最后把官印的角都磨平了，还舍不得赐给将领。"所以说匹夫之勇和妇人之仁，成不了大事。

拥有推功揽过的魅力是一件非常重要的事情，可以给领导带来很多好处。

例如美国著名的政治家帕金斯在30岁那年就当上了芝加哥大学的校长，这么年轻就当上了一所名校校长，自然引起了很多质疑的声音：他凭什么年纪轻轻就当上了校长，他有什么能耐呢？

帕金斯说："我一个30岁的人，我知道的太少，能力也太有限了。

我所有的事情基本上都是依靠我的助理、我的团队，还有校长和董事会的指点与帮助。”

这一句话就解决了好多的问题，人们因此觉得他很谦虚，把功劳归结到整个团队，所以大家对他增加了一份钦佩。随着他业绩的上升，大家对他是越来越尊敬。

我碰到过这样的一件事。

有个年轻的老师，是名校引进来的博士，很有才华但是也很高傲，人在学校但是心思并不在学校，对于是否要在这个大学长期干下去还有很多的顾虑，因此在教学工作中表现出来的状态常常是心不在焉、恍恍惚惚。有一次，他竟然忘记了自己在期末考试中的监考任务，严重违反了校规校纪。按照规定，这属于教学事故，要被处记过处分。对于一个刚刚入职的年轻人来说，这无疑是一个很大的影响。

当时的系主任知道这件事情后，马上找到教务处的工作人员，说：“这件事的责任在我，是我没有及时把考试时间通知到这位年轻老师，要有什么问题的话，就处罚我好了。”

这位老师知道这件事情之后，懊悔万分，又感激不尽。系主任说：“事情如果发生在你的身上，你会受到严重的处罚，影响自己未来的职业生涯；而如果发生在我身上的话，也许处理得会轻一些，我能挺得住。”

从此之后，这个心高气傲的老师开始安下心来、踏踏实实地在学校里工作，在学术和科研领域做出了很多成绩，他还经常跟别人说：“跟着这样的领导放心，在这里好好干就对了。”

职场管理者，要学会“用人不刻”

作为管理者，还要掌握“用人不刻”的原则。

有的人认为管理者要树立威信，眼珠子一瞪，周围的人就都吓得哆嗦。一说话，所有人都得竖起耳朵来听。

其实，很多的时候，你的魅力，你的感召力，你的威信，真就不是靠发狠来决定的，而恰恰是靠“无为而治”得来的。

有的时候，不使用疾风暴雨式激烈的措辞和言语，而是凭借着“春风化雨润物无声”，这样往往能够带给人莫大的影响。

《菜根谭》说：“用人不宜刻，刻则思效者去。”管理者在用人的时候，对下属不能过于苛刻，否则会把真正想要有所贡献、真正想要出谋划策的人赶跑。实际上，如今人才特别稀缺，到处都在争人才。问题的关键是你不仅要争来人，还要能留住人，要管理好人，因此，如何把握“苛刻”的尺度就成了一个重要课题。

中国历史上有个著名的“绝缨会”的故事。

楚庄王有一次大宴群臣，在大家酒饮正酣的时候，忽然吹来一阵风，把蜡烛给吹灭了。这时，楚庄王的宠姬正在表演舞蹈，有一个喝醉了的将军，想要趁着蜡烛吹灭的这一时刻，去拽拉宠姬的衣服。宠姬一惊，在黑暗之中，顺手就把将军的帽缨子拉断了。然后她就跟楚庄王说：“大王，有人想要非礼我，我已经抓到了证据，你可以借这次机会给他治罪。”

楚庄王听到之后，表现出了一个真正有所成就的管理者能够表现出来的气魄，他说：“美人少安毋躁，我现在下令，为让大家今天喝得尽兴，所有的人不用讲究任何的礼仪，大家把帽缨子都扯掉，我们尽情地欢歌筵宴。”于是命人点起蜡烛。

当蜡烛点起来之后，将军们把帽缨都扯掉了，就不知道宠妃手中的帽缨到底是谁的了。

几年之后的一场大战当中，有一个将领分外勇敢，他出生入死地保护着庄王。庄王说：“我对你没有过任何特别的恩惠，你怎么这么为我卖命呢？”

将军说：“大王，我就是当年宴席之上，因为醉酒而对妃子无礼，被扯断帽缨的将军。您非但没有治我的罪，而且还让在场所有的人都摘掉帽缨，保全了我的面子和声誉。微臣感激不尽，一直没有机会回报您的恩德。今日一战，正是我应该不惜生命、效忠大王的时刻啊！”

楚庄王没有非常苛刻地去治下属的罪，有的人会说：“照这样的话，管理者就应该每天都是笑眯眯地做一个和事佬？也不去批评谁，也不去惩罚谁吗？”并不是这样，批评是要的，因为有的时候，批评和严格的要求，会促进团队的成长和进步，前提是你要会批评，会利用那个严肃的态度。

《菜根谭》也给我们一个建议：“攻人之恶勿太严，要思其堪受。”我们在批评他人的时候，不要太过于严厉，太过于刻薄，要考虑到他人的承受能力。

批评的艺术

我们在前文提到了批评不当的严重性，在这一节当中，我们就要说一下批评的艺术。在批评他人的时候，要能够考虑被批评者的特点和心理承受能力。即使他犯的错误非常严重，你告诉他事情做错了，也要考虑到他的资历，他的人生经验，他的性情以及他能做到什么样的程度，不要对一个人一下子有过高的期望，这就是批评的艺术。

美国以前有个总统叫柯立芝，他有一个女秘书。女秘书不仅人长得漂亮，在穿衣方面也非常讲究，但是她有一个缺点，就是在处理文档的时候总出毛病，这让柯立芝非常头疼。

有一次，柯立芝对这位秘书说：“亲爱的小姐，你今天怎么这么漂亮啊！长发飘飘，眼神动人，太美了。”

秘书被他这么一夸，高兴得不行，心情很好。正当秘书高兴的时候，柯立芝突然说：“你这么漂亮，如果处理的文档也能像人一样漂亮就更好了。”

秘书听完这句话脸立刻就红了，从此之后，她在处理各种各样的文档的时候，倍加认真，很少出现错误。

这个故事给我们很多启示，掌握好批评的艺术对于领导来说是非常重要的一件事情。管理者在对待下属的时候既要有合理提醒，也不要过于苛刻，这样才能赢得更多的人心。

作为领导者，还有一个比较重要的魅力叫作“身先士卒”。作为公司的头领，所有的眼睛都盯着你呢，你不打头阵，谁能打头阵呢？事实也是如此，有一句话叫“严于律己，宽以待人”，话说得很轻巧，但是要落到实处却是非常的不容易。

《菜根谭》有这样的话：“人之过误宜恕，而在己则不可恕；己之困辱宜忍，而在人则不可忍。”

一个管理者要能够做到这样：如果别人犯了错误，要尽可能去宽容；要是自己犯了错误，则深刻地自我反省，及时改正，对自己要有严格的要求。如果自己遭遇了困苦与责难，要尽量忍耐；但如果别人碰到了苦难和不公平待遇，则应该立即伸出援手。

艾柯卡刚被福特公司罢免，来到克莱斯勒公司担任总经理的时候，公司负债好几个亿，董事会成员也是各自为政，公司的财政乱七八糟，连员工的工资都发不下来，大家怨声载道。

艾柯卡看到公司处于这样的状况，当机立断采取了一个令所有人瞠目结舌的做法。当时被克莱斯勒聘为总裁的他年薪是 36 万美元，但是他宣布从此刻起自己和所有的员工一起勒紧裤腰带，以身作则，从我做起，把自己的年薪从36万美元降到1美元。

只是象征性地领一个1美元的年薪，这是一种什么样的气度？艾柯卡这样一做，所有的员工都很受鼓舞，大家一起把每个人的年薪都减少了125倍，勒紧裤腰带渡过难关。

老总的表率作用是无穷的，榜样的力量是无穷的。在大家齐心合力的支持下，几年之后，艾柯卡就签署了一个他生平所签署到的最大面额的支票，8.1344亿美元，偿还了所有的债务，为克莱斯勒创造了巨大的利润和良好的声誉。

其实，几乎所有的业界管理者都是这样的，很多时候都要吃苦在前享受在后。我曾经看到过土光敏夫的一个故事，也是特别感人。

土光敏夫当时被称为日本企业界的总理大臣，是经济界的巨头。他带领着各个公司和企业走向了一个又一个的经济高峰。

当土光敏夫80多岁的时候，有一天警察厅办案，有件事情涉及了土光敏夫，需要他来帮助提供一些线索。

当警察按照地址来到他家小区的时候，非常惊讶。这里不是豪华别墅区，只是一栋栋朴素的小木屋。他们好不容易才找到了土光敏夫的家。

当时是早上七点钟，当警察敲开门的时候，开门的是一位满脸横纹的老太太，打开门之后问：“你们找谁呀？”

警察说：“我们找土光敏夫先生，这是不是他的家呀？”

老太太说：“是，这里正是他的家。不过土光敏夫先生没有在家，他早晨六点半就坐开往京城的火车上班去了。”

此言一出，警察们更加惊愕不已。一个经济界的巨头，住在这么普通的房子里，早晨也没有豪华专车接送，竟然需要在六点半的时候赶火车去上班，真是太了不起了。

土光敏夫正是凭借着这种严于律己、身先士卒的态度，带领日本企业创造了经济界一个又一个的奇迹。他曾经说过这样一句话：“下级学习的就是上级的背影，上级全力以赴地投入工作，就是对下级最好的教育。”

第九章 忙与闲的辩证法（上）

职场人，你忙对了吗

“不是在上班的路上，就是在加班的路上。”虽然是一句玩笑话，但是却生动形象地说出了如今上班一族的状态。很多人都为忙不完的工作而自怨自艾，很多人因为高压力的工作而导致身体出现了问题。

因此很多人开始呼吁让自己适当地闲下来。其实，工作忙一点儿好还是闲一点儿好，是一个辩证问题，就如同前文中的心理测试题，是没有一个标准答案的。

曾经有过这样一个公益广告：

周末，老妈正在家里高兴地准备着饭菜，等着儿女们回来吃饭。快要准备得差不多的时候，电话响了，老妈高兴地拿起电话，传来女儿的声音：“妈，我今天很忙，不能回去吃饭了，对不起啊。”啪的把电话挂了。

过一会儿，电话又响了，老妈拿起电话，还没有说话呢，又传来了儿子焦急的声音："妈，不好意思，我今天太忙了，晚上不回去吃饭了啊！"啪，又把电话挂了。

老妈放下电话之后怅然若失地坐在沙发上，看着一桌子的饭菜，无奈地说："忙点儿好，忙点儿好。"

那么，忙点儿到底好不好呢？

《菜根谭》说："人生太闲，则别念窃生；太忙，则真性不现；故士君子不可不抱身心之忧，亦不可不耽风月之趣。"人这一辈子，如果过得太闲，什么事都没有，每天就会胡思乱想，产生各种各样的杂念；但如果太忙的话，每天就会和热锅上的蚂蚁一样不知如何是好，这样就容易迷失自己真正的本性。

那么一个人应该如何对待生活中的忙和闲呢？如何做到既不让自己过于奔波疲惫，又不至于游手好闲，沉浸在声色犬马之中呢？在这里，我有几点建议。

忙，不过是我们自己的一种感觉而已，我们在很忙很累的时候，往往会有不同的发现。

职场就如同一个舞台，每一个职场中人，当你开始一段工作历程的时候，你就站在了这个舞台上。当聚光灯照向你的时候，你需要马上进入到工作状态当中，需要你将所有的注意力都集中到工作中来。

当你忙碌起来的时候，就会忘记所有的事情，世界上所有的事情似乎都和你无关。生活中一切的烦恼，一切的压力，一切的不如意，一切的沮丧，仿佛都离你远去。这时你的世界当中只有工作。

当忙碌的一天结束之后，你回到了房间中，一个人静静地躺下来休息时，你却感受到一种深切的失落和孤独。

这种感觉真的很奇妙，你忙的时候，希望快点儿收工，可是一旦收工的时候，又会产生特别深的失落感。这是一种什么现象呢？心理学上称它为“胡思乱想综合征”。

△ 人生如闲云野鹤

例如，当你处在一个高频率的工作状态的时候，会不知不觉忽略与你无关的任何的事情，你的神情会非常专注，就像激光一样指向你目标的焦点。

而在你休闲的时候，你的注意力不能集中到一个点上，这时候在忙碌中被驱散的各种乱七八糟的想法，就会像妖怪一样在不知不觉中慢慢飘到你的眼前来。

这些乱七八糟的想法总是挥之不去，而且越来越严重，你感觉到无限的焦虑和恐惧，最后甚至失眠和抑郁，既伤神又伤身。

通用公司的前副总裁科特林，在研究一种新型发动机的时候，夜以继日地加班，每天都十分专注地工作，什么事情也不去考虑，将所有的精力都用到了实验上。

没有做实验的地方，他就把家里装稻谷的地方腾出来，没有经费了，就把太太教钢琴的钱用来做实验。

即使这么忙、这么累，每天承受着巨大的压力，他的身体却什么事情都没有，而他的太太却因为担忧而病倒了。

有的人可能会认为，科特林的身体太好了，所以才没有被累垮。

事实并非如此，科特林虽然很忙，但他只是顾着忙了，心里想的只有实验，没有任何其他的想法，精神一直很专注，所以那些“恶魔”就不能侵入他的身体，他的身体就很健康。

而他的太太每天都在担心，每天都会胡思乱想："实验能不能成功啊？现在生活如此困难，万一失去经济来源怎么办？"整天唉声叹气、精神恍惚，就让那些"恶魔"有了可乘之机，最终病倒了。

这样的案例很多。如果胡思乱想过于严重，轻则病倒，重则甚至有生命危险。

20 世纪 50 年代，美国有一个著名的瓦伦达家族，这个家族专门表演杂技界的高难项目——高空走钢丝叠罗汉。瓦伦达家族凭借高超的技艺，在很多场高难度的演出中都取得了成功。但是天有不测风云，还是发生了悲剧。

有一次，在一场规模宏大的演出当中，在数万观众的注视下，瓦伦达先生从数十米高的钢丝上坠落下来，当场身亡。导致瓦伦达先生坠亡的原因是什么呢？

通过对瓦伦达妻子的采访，我们得知，瓦伦达在之前表演的时候，从来是铃声一响就上场表演，什么都不会想。但是，那一天他上场之前却非常担心和焦虑，嘴里一直念叨着："今天我一定要表演好，这是最重要的一场演出，如果我表演不好的话，我就会声名扫地……"想了很多与表演无关的事情，头脑中充斥着各种乱七八糟的念头，结果就发生了悲剧。

因此，从某种程度上来说，忙一点儿是很好的，这样"恶魔"就没有可乘之机，你就不会胡思乱想，就能够健康而积极地生存下去。

所以有一种说法是："忙是世界上最便宜的一种药。"当你感觉到百无聊赖的时候，当你胡思乱想的时候，就让自己迅速地忙起来，就像是一个旋转的陀螺。这时，你会发现世界都是以你为中心而运转的。

要学会忙中偷闲

有人说："我每天都很忙，忙得连吃饭睡觉都觉得是多余的了。"有的人则说："我也很忙，但是我的生活却是丰富多彩的，我每天正常吃饭，正常睡觉，有时还会读读书写写字什么的。"虽然大家都很忙，但是忙的程度和艺术性却是不一样的。

忙还有艺术性吗？答案是肯定的。

例如，有的人看似像热锅上的蚂蚁忙个不停，其实都是在瞎忙，并没有抓到重点。这样的人，在遇到事情的时候总是手足无措，心里没主见，慌慌张张的。这叫慌忙。

因此，没有抓住根本、没有抓住重点的忙，不是真正意义上的忙，只有忙里偷闲的人才叫会忙。

《菜根谭》中说："天地寂然不动，而气机无息稍停；日月昼夜奔驰，而贞明万古不易，故君子闲时要有吃紧的心思，忙处要有悠闲的趣味。"

一个人应该如何把控自己人生的节奏呢？

大自然似乎是亘古不变、天地永存的，实际上万物的运转是从来没有停止过的，每天都是忙忙碌碌的，但是在忙碌中却存在着一定的规律：太阳每天从东方升起，月亮每天从西方落下，才会给世界带来永恒不变的光芒。

通过大自然的规律，我们就知道应该如何掌握自己的人生节奏了。当你闲着的时候，没有什么重要事情的时候，就要做好各种准备，应对各种突然事件的发生，避免事到临头的时候吃不消。

当你特别忙的时候，也要会偷闲的艺术。说到"偷"字，很多人都会想这不是一件光明正大的事情，因为只有偷偷摸摸才叫偷。偷不是表面的行为，而是一种暗地里的行为。

但“偷闲”中的偷却并不是这样的。关于偷闲，唐代诗人李涉曾经写过这样一首诗：“终日昏昏醉梦间，忽闻春尽强登山。因过竹院逢僧话，偷得浮生半日闲。”

意思是我天天迎来送往，觥筹交错，忙得晕头转向的，但我并不知道自己每天都在忙什么。忽然有一天，我意识到春天马上就要过去了，但是我却并没有去享受这大好的时光。我要去登山，经过一个寺院，正好我想歇歇脚，就坐下来休息了一会儿。跟老和尚一边聊天一边喝茶。这时，我忽然感受到了世间竟然如此宁静恬淡。而这宁静仿佛是我在不知不觉中偷来的一样。“偷闲”一词因此而来。李涉在自己的生涯中忽然体会到，仿佛只有在偷来的清闲当中，才知道什么是生活的真正意义。

其实，如果我们仔细观察，会发现那些真正事业有成的人，一定不是每天夹着公文包，西装笔挺，神色紧张，脚步匆匆忙忙的，好像天要塌下来一样。他们往往穿着舒适随意，做起事情来不慌不忙，脸上总是充满着从容而自信的笑容。

我们应该如何去理解这种现象呢？

◁ 偷得浮生半日闲

在人的一生中，无论是工作，还是生活，如果只是凭着一股蛮劲去干，用上所有的精力，在很短的时间就将事情做完，即使天塌了也要继续做下去，这样的做事方法只可以用在临时性的事务上。

就比如橡皮筋，抻一次它可以拉好长，如果每天不断地抻它，橡皮筋只会有两种结果：一种是根本没有弹性了，另一种是被抻断了。

所以说忙里偷闲是一种很重要的平衡身心的艺术。有的人可能不太会偷闲，做事情的时候总是事无巨细，什么都操心，经常把自己弄得身心疲惫，结果却并没有得到自己想要的。

在一个国际知名的化妆品公司的生产车间里面，总经理正在到处视察。

他走到了一个正在调口红颜色的调色师的旁边，看了一会儿，煞有介事地说："你这颜色是不是不太对呀？"

调色师停下手上的工作说："经理先生，口红是给女人用的，不是给男人用的，您是个男人，您并不理解女人的心情；调口红是我的专业，不是您的专业，我比您要更懂；经理先生，您日理万机，还有很多重要的事情要忙，这事就不劳您费心了。"

调色师说完这些话，总经理很不好意思，他说："既然这样，我就不打扰了，你继续忙吧。"

这个故事充分说明一点：大到一个企业，小到一个办公室，一个团队，甚至是个人的生活，我们可以"管头管脚"，但是绝对不要"从头管到脚"。

历史上经验也是如此。一个真正好的国君，他们常常都是"无为而治""垂拱而治"的。老子说过："治大国如烹小鲜。"要想治理好一个国家，就应该像煎小鱼一样，不要总是去翻动、折腾它，否则，鱼还没煎好，就已经碎了。

因此，很多国君在开国之初都要休养生息，不会轻举妄动，不会着急改革，也不会事必躬亲。如果国君什么事情都要亲力亲为的话，他是会被累死的。

我有一个朋友，是一个大公司的老总，以前总是日理万机，事事过目，忙个不停，累得不行。他的生活中只有工作，没有任何业余的活动，生活得很压抑，并不开心。

后来，他懂得了忙里偷闲的重要性，他说：“管理一个团队要能够做到‘牵一发而动全身’，也就是你只要牵住一个人，就能够管理很多人，每个人对自己的上司负责，每个人各司其职，你只要做好你该做的事情，其余的事情交给其他人就好了。”

他这样做之后，不仅没有以前那么忙了，反而每天多了很多时间，他可以利用这段时间去休闲、去锻炼，企业的运转也是越来越好了。

偷来的闲做什么

在职场中，我们要学会忙里偷闲，既然是偷来的东西，我们就要利用好它，而这需要一定的技巧。

那我们偷来的闲要做什么呢？我曾经在报纸上看到过一则新闻：某市几个小偷入室偷窃，偷了很多高档饮料，小偷将这些饮料背到了自己的老窝，累得要死。但是不知道如何处理这些高级的饮料，不知道它们究竟有什么用处。思来想去，最终大家决定，将饮料都倒掉，然后去卖易拉罐。

饮料实际上是非常值钱的，可惜偷来的人不知道它的用处，只能被白白浪费。因此，即便是偷闲，你也要知道到底拿它来干什么。

有的人可能会说：“闲还用偷吗？不用偷我就有得是。”我们这里所说的“闲”并不是每天有大把的时间无处打发，闲得要命，什么都不用思考。这样的闲人通常有两种：

一种是游手好闲的人，每天什么事情都没有，整天晃晃悠悠的，不知道如何打发自己的时间。

另一种是有工作的人，但却经常被称为公司中的万金油。这样的人，干什么都行，没有自己的主业。让他做什么，他就做什么，值个班，修个电脑，甚至是陪人逛街。

其实，我们通过一个人对时间利用方式的判断，就能够知道他是一个什么样的人。例如，很多业界大咖的日程表都非常满，如果想要拜访他们，经常是预约很久都排不上。他们为什么这么忙呢？

这是因为他们的时间值钱啊。

有的人说：“我很忙，我时间特别紧张，总也不够用。”之所以会这样，是因为你不会利用时间。

就比如，你早上去市场买白菜，本来已经买完了，却发现其他地方的白菜要便宜三毛钱，你一整天心情就会很不爽，会非常上火。宝贵的时间都用来不爽了，你还能做什么有意义的事情呢？

《菜根谭》中说：“遇忙处会偷闲，处闹中能取静，便是安身立命的功夫。”

会偷闲是什么样的呢？当你在紧张忙碌的时候，会设法留出一些时间，让你的身心平衡，渐渐地淡定下来，然后以清晰冷静的头脑去做接下来的事情。

健康杂志通常这样建议，不论我们多忙，每天都应该抽出十分钟的时间进行冥想。

当你轻轻地闭上眼睛，试着排空一切的杂念，什么都不想，你会发现这是很难做到的。此时此刻，万念齐发，就好像无数的电流通过电缆一样，我们连一分钟都静不下来，更别说是十分钟了。

这时，你就要强迫自己静下来，因为慢慢你就会发现，世界好像已经不存在了，一切的杂念都已经消失了。这时，你的身心能够得到彻底的放松。当你睁开眼睛之后，你会浑身充满力量，并且能够用更加平和的心态去面对接下来的工作。

在忙中偷来一段时间，让身心得到平衡，这样才可以在喧嚣浮躁当中沉静下来。才能在闹中取静，才可以安身立命，否则就会像一朵没有根基的浮萍，每天都是飘来飘去的，很难安定下来。

在这里，我们还要说一点，就是有钱人和有闲人的区别。

有钱人，貌似一般情况下都很闲，他们可以坐着游艇周游世界，可以去高端会所喝茶聊天，可以去打高尔夫，还可以搭飞机到巴黎去吃晚餐。但有闲人，却在很多情况下都是没有钱的。这是因为，有钱人把休闲的时间用来赚钱，而有闲人则是把时间都白白浪费了。

有钱人的闲，看起来是闲在身体，但他的头脑时刻都在忙。结束了一天忙碌的工作后，老总说："今天大家都已经很累了，晚上就约客户去洗洗脚，做做按摩，我们顺便放松放松吧。"

看起来很闲，看起来拿着钱放松去了，实际上放松的目的是和客户沟通感情。客户会觉得你不只和人家进行工作上的事宜，还关注到了人家的身心健康，感觉非常温暖，进而为下一次合作打下了良好的基础。

所以，很多的时候，闲也是为了能够忙得更加有质量。

偷闲，要学会"闲中讨把柄"

在忙碌的生活当中偷来的闲，是要质量的，是要有所回报的。我们应该怎样去理解这句话呢？

《菜根谭》当中说：“忙里要偷闲，须向闲中讨个把柄；闹中要取静，须先从静处立个主宰，不然未有不因境而迁、随事而靡者。”

我们可以利用偷来的时间调节身心，重新梳理各种思路再次处于一个良好的状态，这叫作“闲中讨把柄”。如果养成了这样的一种习惯，就掌握了一个非常好的调剂身心的功夫。

现在的很多人，都讲究养生。养生，莫不如说养心。那心是如何养的呢？

现代社会的职场中人，要想养心，要想什么心都不操，要想没有任何闹心的事情，简直是不可能的。要想在这种情况下做到养生，我们需要做的是在纷繁复杂的忙碌当中抽取一段时间，让身心静定，让心灵得到短暂的休息，进而在喧嚣浮躁当中，能够冷静处理事物。

那我们应该如何在喧嚣浮躁当中静下来呢？《菜根谭》认为，人们在安静无事的时候，在没有被一大堆乱七八糟的事情纷扰的时候，就要养成这样的习惯。

在平常的生活当中，对任何事情都要有一个清醒的认识和思考，只有这样才不会在事情真正到来的时候，心慌意乱手足无措，折腾来折腾去，找不到一个好的解决问题的方法。

有一次，我在一本小杂志上看到一篇文章。

两座山之间有一条小溪，两座山里各有一座庙，庙里各自住着一个和尚。

这两个和尚每天下山到小溪边挑水，左山的和尚在见到右山的和尚时，总是会对他礼貌地点点头。每天都是如此，两个人就成了好朋友。

有一天，左山的和尚下去挑水，没有看见右山的和尚，心想：“是不是今天有事睡过头了？”可是他第二天下山挑水时又没有看到右山的和尚，心想：“这是怎么回事呢？是不是生病了呢？”第三天下去挑水时，还是没有看到。

连续等了一个月，也没有见到右山的和尚。左山的和尚心想："这位朋友肯定是出事了。"于是就赶紧到右山的庙里去看望他。到了那里却发现，右山的和尚红光满面，什么事也没有，正在练拳呢。

右山的和尚把他领到了寺院的后面，在一口井的旁边停了下来。

他说："我这些年，天天下山挑水，可是我想，如果有一天，我的身体不好了，挑不动水了怎么办？或者有一天，山下边的小溪干涸了怎么办？于是我就每天抽出一点儿时间来挖井，有的时候时间多，有的时候时间少，我一直坚持，最后井挖成了。这样，我就可以不用下山去挑水，还可以抽空打打我喜爱的太极拳。"

俗话说，"晴带雨伞饱带干粮"。一个人要善于在时间的运行当中，截取一个断限，然后利用这个断限不断储备宝贵的财富。

在职场当中，这样的例子是不胜枚举的。

小王刚毕业的时候，被分到了一个国企大厂。别人都很羡慕他，每天都挺闲的，没什么事情，下了班打打麻将喝喝茶，平常聚在一起喝喝酒唱唱歌什么的。人们都说挺不错的，待遇不错，环境也不错。但小王并不觉得这是一件好事，他没有像其他人一样浪费大好的时光，而是充分利用业余时间，参加各种学习，取得了很多重要的资格证书。他还特意报了一个高级经理人的培训班，认识了很多业界精英。

后来，国企越来越不景气，无奈之下只好进行裁员。很多人都下岗了，什么都没有了，纷纷陷入了困境当中。

小王呢，凭借各种证书以及他在高级经理人班所积累起来的人脉，进入到了一家著名的世界500强企业工作。

所以，平衡身心、掌握忙和闲之间的艺术是一项非常重要的技能。做到忙闲得宜，才能既驰骋于职场之中，又超然于职场之外，做一个永远从容不迫的常胜将军。

如何应对职场综合征

现在我们说一下如何应对职场综合征。这是一个具有指导思想和战术性的、具体的应对环节。

在职场当中，有的人虽然挣了钱、当了官，到最后却落了一身毛病。所以，我们往往不能为了一个单一的目的而牺牲掉所有的东西。

现在很多人处于“亚健康”状态。亚健康，并不是一种实质性的病症，但是却能给人带来实实在在的影响。例如做什么事情都没有精神，上班集中不了注意力，下了班全身酸痛，什么都不想干。上街购物没心情，做个 SPA，又会觉得太浪费钱，做任何事情都没有了激情和斗志。

我们究竟应该怎么做呢？

很多人的病都是由心而发的，而职场综合征实际上也是一种心理上的疾病，所以在这里我们主要谈谈如何应对职场中的心病。

第一点，不做“工作牲口”。

我在一个电视节目当中看到了这个词，扑哧一笑之后，还多了很多的感悟。“工作牲口”这个词，不知道是如何制造出来的，但却非常贴切。现在职场中的人，简直就像是农村的驴和马，脖子上挂了一个草料袋子后，就开始没头没脑地跑。

什么是牲口呢？就拿我们经常看到的马来说吧，如果我们去旅游，在一望无际的草原上，天似穹庐笼盖四野。这里的马儿欢快地奔跑，鬃毛飞扬，四蹄欢跳，天地之间任它驰骋，这叫生灵。一种可爱的生灵，是随自己心意而动，融合于天地自然之间。

而农村的马，身上架着辕，脑袋上挂着嚼子，每天在鞭子的抽赶下，

△ 给自己的心里留一份闲山剩水

为了下巴前面那个草料袋子，不断地走来走去，这叫牲口。可悲的是，今天很多人都成了工作上的牲口。

作为一个人，作为一个灵长类的动物，我们有着杰出的智慧，有着敏锐的情感，可是却被生活折磨成了牲口。每天我们因为工作上的一点儿事情就焦虑烦躁，吃不下饭睡不着觉，不停地忙碌奔波，这时的我们的确和牲口没什么区别了。

当我们越来越重视工作，越来越紧张工作，越来越想要干好工作的时候，已经在不知不觉中了工作的奴隶。

稻盛和夫曾经在《活法》这本书中说：“人究竟为什么来到世界上，究竟为了什么而活？”这样的问题，很多人认为是没有意义的问题。好多人都觉得生活不过就是每天吃饭睡觉，上班下班挣钱，娶媳妇生孩子。事实上，这只是一种简单的生活，不是有质量的生活。这只是一种外在的生活，不是内心真正想要的生活。

第十章 忙与闲的辩证法（下）

职场中，你要思考的不仅仅是挣钱

职场中，我们除了挣钱之外，还有很多事是值得去思考的。

很多时候，我们在长期的奔忙当中，已经忘了真正想要的是什么了。如果是这样的话，即使走得再远，跑得再起劲，也会距离我们真正的目的地越来越远。

我曾经听过乡村歌手约翰·列侬的一首歌。歌词特别令人震撼，有两句叫作：当我们为了生活而疲于奔命的时候，真正的生活已经离我们远去。

当你感觉到，你为了经营生活而忙碌的时候，实际上离你真正想要的生活已经越来越远了。

《菜根谭》中说："人心多从动处失真，若一念不止，澄然净坐，云兴而悠然共逝，雨滴而冷然俱清，鸟啼而潇然自得，何地无真净，何物无真机。”

《菜根谭》说的“真”这个字，或者叫真正的生活，真正的人生，真正应该拥有的东西。本来是你固然拥有的，但是你却弄丢了，什么时候弄丢的呢？是在你躁动不安的时候，偷偷溜走的。

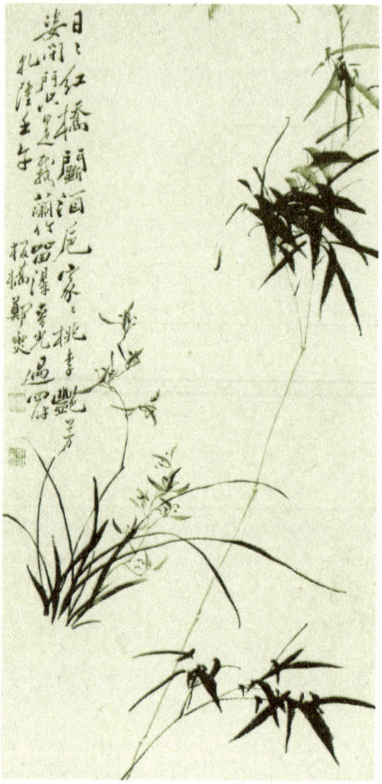
△ 何地无真净

打个比方，我们从小到大都读过书，也都经历过考试。对于那些心态不好的人来说，一到考试的时候，就会心慌意乱，血压急剧上升，眼前迅速发黑。

结果呢，本来平时学习特别好，作业也完成得特别好，可是在考试中突然全忘了，大脑一片空白，在你一慌一乱当中，你想要的真正答案就没有了。

这就像一杯水，如果我们把它一直晃来晃去的话，水常常是浑浊的。但是如果你把它轻轻地放在一个地方，就会“清者自清，浊者自浊”。所以，在职场中，有时候也需要你沉淀下来，安静下来，做一个深呼吸，这个时候，好多东西就会慢慢再次浮现在你的眼前。

其实，很多“真”的东西，就比如真正的生活、真正的意义、真正的目的，以及真正的所求所想，是不可能在躁动当中得到的。

《菜根谭》向我们提出了很多问题，例如，你多久没有看天上的白云了？看白云变化万千，悠然自得；你多久没有注意听窗外的雨在那儿滴滴答答，仿佛弹奏一首悠扬的乐曲；你多久没有听到窗外小鸟的叫声，仿佛是在给生活增添非常温暖的伴奏。

这些东西，一直都是存在的，但是我们每天在忙忙碌碌中，就会忽略它们和我们之间的联系。因此诸葛亮说“非宁静无以致远”。如果我们总是太躁动，总是忙着去追求，结果就是你并不知道你在追求什么。

有一个非常经典的小故事。有一只小狗，听人家说幸福，就特别想追求幸福，人们告诉它幸福在你的尾巴尖上。小狗听完之后，就努力地去追自己的尾巴，把自己转得晕头转向，但始终离尾巴尖差一点儿，怎么也追不上。

它妈妈看到之后就问：“你折腾什么呢，把自己转得满头大汗？”

小狗回答说：“我听人说幸福在我的尾巴尖上，可是我却怎么也追不到，妈妈你说我应该怎么办呢？”

它妈妈说：“傻孩子，你不需要刻意去追求它，你只需要安安静静、踏踏实实地做自己想做的事，幸福就会乖乖地跟在你身后。”

《菜根谭》里说：“风恬浪静中，见人生之真静；味淡声稀处，识心体之本然。”

这就和我们的人生一样，不经历过追求，不经历过奔波，就永远不知道什么是最重要的。比如你没有得到过名利，就会始终惦记它，你不知道它到底是什么样的，可是当你真正得到的时候，却并没有想象中那么好。所以，很多事情，我们必须一路走来，经历过风霜雪雨，尝到过甜蜜欢乐，喝到过忧愁苦酒，你才能知道什么对你来说是重要的，才能知道应该留住哪一个。

人生真静在哪里

《菜根谭》中说："人生的真静在哪里呢？" 真静不一定存在于壮观的山呼海啸中；相反，真静是存在于波澜不兴当中的。

真静不是由你营造了多大的事业，取得了多大的成就，签了多少个合同，建立了多少个企业所决定的。而是能够把当下的生活过得平平静静的，能够将所有的事情安然做好。只有做到了这样，才能把握真正的人生之真。

有的时候，有一些真正经历过职场风浪的人，反而会做出和平常人不一样的选择。

例如，在西晋有一位著名的大才子，叫张翰，年少时便很有才华。他曾经在齐王的手下做官，用现在的话来说就是北漂一族。

当年不叫北漂，叫"洛漂"，因为当时的首都在洛阳。现在的年轻人都喜欢在大城市待着，因为大城市有很多的机会，且生活便利，还是政治经济文化中心。和很多的年轻人一样，能够在大城市谋得一官半职，张翰在最初的时候非常满足，也非常努力工作，争取在洛阳城安顿下来。

但是有一次，他骑马外出，这时一阵秋风吹过，忽然思乡情起，特别想念家乡的纯菜羹和鲈鱼烩。

张翰是一个特立独行的人，当他有了这种想法之后，忽然一拍大腿，决定了一件事情，他说："人生难得几回快意，有心情有身体有时间享受，我就应该做这些事情啊。我干吗要跑到洛阳来，在这漂着，做着不大不小的官，承受着巨大的压力，今天说我行我就行，明天说我不行就不行了，这是何苦呢，我还不如回家去呢！" 于是，张翰辞官而去，回到了家乡。

后来，爆发了八王之乱，齐王兵败，很多官员都成了阶下囚。有的人就说张翰有先见之明，事实上，他只是体会到了生活的本真，遵循自己的本心而去做而已。

因为在那一刻，他认为没有必要的东西，不一定非要抓着不放，人生的真谛在于此，所以他舍弃了。

古今中外的名人，莫不如此。

西班牙哲学家、哈佛大学著名教授乔治·桑塔亚纳，在学校中，每天事务缠身，忙碌不堪，还教授了很多课程，做了很多研究。

有一天，他在哈佛大学上课的时候，讲着讲着，忽然就感觉到在明媚的春光当中，有一只知更鸟，在窗台上唧唧喳喳地叫。他突然中止了讲课，望着窗外美丽的知更鸟凝神许久，然后站起身，收起课本，淡定地说："今天的课程结束了，对不起我的学生们，我不能再继续教你们了，我要和春天来一个约会。"说完他脚步轻快地走出了教室。

不同的故事从不同的角度上，都能给我们带来启示。《菜根谭》中说："浓肥辛甘非真味，真味只是淡；神奇卓异非至人，至人只是常。"现在我们很多人都特别喜欢吃口味越来越浓烈的东西，尤其是年轻人，喜欢麻辣烫和川菜，不喝白开水，必须喝有味道有颜色的饮料。

其实，他们还没有领悟平平淡淡才是真正的东西，才能有食物真正的味道。平淡的生活，才是真正有滋味的生活。

那么，这是不是意味着我们就不需要辛苦奋斗、努力追求，从此过着平静淡泊的生活了呢?

事实上并非如此。在中国儒道释的文化当中，佛祖释迦牟尼是如何看破红尘，出家成为佛祖的？这是因为他之前经历了人生所有，目睹了生老病死。什么都见过，什么都经历过，他才能够舍弃一切，去追寻真谛。

我想说的是，在职场当中，在面对生活的时候，该做的就去做，该追求的就去追求，该投入的就要投入。但是，最终你会明白，对你来说，什么东西才是真正的味道，什么事情才是真正的抉择。

职场中，要学会慢活

现在生活节奏越来越快，改革开放四十年，实际上是压缩了西方社会两三百年的进程，这对于每个人来说，都有着特别大的压力。就像富兰克林那句非常著名的名言："时间就是金钱，效率就是生命。"这句话曾经激励了很多人。

但是凡事皆有度。如果承受了过大的压力，越来越紧张的话，就会像闹钟一样，上紧了发条，疯狂地运转却不知道这根发条可能会随时断掉。

关于慢活的问题，越来越受到人们的关注。在《菜根谭》里面也有一些关于慢活的智慧。例如："岁月本长，而忙者自促；天地本宽，而卑者自隘；风花雪月本闲，而劳攘者自冗。"岁月本来沉静而悠长，可是忙忙碌碌的人把它弄得很仓促；天地本来宽厚博大，可是品格低下的人把它弄得很狭隘；自然界的万事万物本来悠闲自适，但是瞎忙折腾的人把它弄得很繁杂。

天地悠悠运行，万古亘存。可是，如今的人们却是非常忙碌，每天从早上一睁眼，就忙着做饭、送孩子、开车上班……总感觉时间不够用，一转眼天黑了，不知不觉中一天又过去了。

天地之中，风自然地吹着，花自然地盛开而又凋落，太阳月亮升起又落下，它们都有自己的规律。而人生呢？

我们每天都感觉很忙，但是忽然间想起来的时候，却又不知道自己究竟在忙什么，不知道自己的真实目的是什么。因此，学会慢活，不要

△ 幽亭听泉图

只成为口头上的一件事情，而是要真真切切地做到它。

慢活，我们可以分解成两个字——慢和活。我们来看“活”的问题。

现在的人工作节奏越来越快，压力越来越大，每天都奔波奔忙奔命，这就会严重影响你的身体健康，甚至会失去生命，反而会本末倒置。

我有一个同事，人到中年，奔波一生，该做的事情都做了，该得到的也得到了。无论是学生时代的各种证书、各种荣誉、各种奖项，还是工作时期的各种职称，他都努力得到了。最近又当上了学院的副院长，可以说，各方面都处于非常稳定的状态当中，还有继续上升的空间，一切看起来都非常好。

可是他却特别累，每天一点儿空闲的时间都没有。

有一天他儿子说：“爸爸，你能不能陪我去操场上跑一会儿步呢？”他看着儿子的小脸，觉得很可怜，就说：“行，爸爸今天挤点儿时间陪你去。”

鲁迅说：“时间就像海绵里的水，只要挤总是有的。”没想到陪伴家人和享受天伦之乐的时间却也是要靠挤出来的。

他跟着孩子走到了操场上，在操场上走了几步，顿时觉得青草的味道很香。清风吹过，一轮明月挂在天际，他没有想到，生活中竟然有如此美的景色，生活原来如此美好。他开始和儿子跑步，跑了一圈之后他慢了下来，没有刻意去追孩子。

过了很长时间，儿子回过头来，却找不到爸爸了。儿子焦急万分，好不容易在草丛当中找到了父亲，令人非常惊讶的是，这时的他已经停止了呼吸，原因是心脏猝死。

其实很多人身边都曾经出现过这样的事情：过劳死、过累死、过压死。我们的生命已经不堪重负了。

跑得快，不一定能得第一

“快”一定就是好的吗？非也。

有很多北欧国家，他们的平均工作时间要比世界上其他国家短得多，休假时间要比其他国家要长得多。但是，他们的经济实力却是很高的。

例如芬兰、丹麦和瑞典，都是人均经济排名前列的国家，包括冰岛和挪威也都是排名前十几的国家，生产总值以及国民生活水平都非常高。

俗话说“欲速则不达”，有的时候，生活节奏越是快，你越是拼命奔跑，越是不能得到第一，所获得的成就也不一定是最高的。

有一位少年，他听说名山之上有一位武艺超群的剑师，就想要去拜师学艺。

少年拜见师傅之后跪倒在地，说：“师傅我想跟你学剑。”师傅一看少年挺聪明，也挺有劲头，就高兴地答应了他的要求。

少年又问：“师傅，我需要多长时间才能学成啊？”

师傅想了想说：“十年吧。”

少年说：“时间也太长了吧，如果我夜以继日、废寝忘食地拼命练习，我得需要多长的时间呢？”

师傅想了想说：“三十年吧。”

少年说：“时间怎么反而还多了呢？那我就拼命地练习，不惜付出我的生命去追求精深的剑法，你说我需要多长时间能练成呢？”

师傅说：“这辈子你就别想下山了。”

这句话是什么意思呢？

职场人生往往如此，有的时候，快节奏的生活，未必能达到一个应有的状态。很多时候，欲速不达。

现在好多人提出来慢食，静下来享受食物的美味，从而调节生活节奏，还有的人提出了慢城市等。但是，这里说的慢，绝对不是慢吞如牛、行动迟缓。

慢生活，说的是慢调生活，不是缓慢如牛。是希望世界，是希望人们，生活在一个更从容、更自然的世界里。

世界应该是平衡的，应该是该快则快该慢则慢的，应该允许人们有不同的节奏，应该允许每个人都有选择自己生活节奏的权利，这样世界才会变得更加美好。

第十一章 人生的认真与较真

做事不能太较真

曾经很流行这样一句话叫“神马都是浮云”，意思是生活中很多的事情最终都是过眼云烟，不必太认真。

我们从小到大所受到的教育都是勤勤恳恳做事，认认真真做人。如何“不要认真”呢?

其实，我们这里所说的不要认真并不是指所有的事情，而是生活中有些事情应该认真，有些事情不需要认真。《菜根谭》告诉了我们：生活中有两种事情不需要太认真。

第一种就是对自己。你可以拿自己当回事，但是不能太当回事。《菜根谭》说：“世上只缘识得我字太真，故多种种嗜好种种烦恼。”前人云：“不复知有我，安知物为贵。”又云：“知身不是我，烦恼更何侵。”

实际上，世界上有好多烦恼的根源，归根结底，都是跟一个“我”

字有关系。

人都有自私之心，觉得很多事情与“我”的利益有关。因此，就有了利益之争，也就多了很多争斗的烦恼。

很多时候，我们将很多事情都看得过于重要，从而缺乏了一种高屋建瓴的、超脱的心态，我们经常会把自己紧紧地捆在一个“小我”之上。

如果脱离不了这个“小我”，虽然我们每天活得都很认真，但是活得会很累。每天就为了一点儿可怜的饭钱，或者为了一点儿生活的利益，就让自己陷入了无限的旋涡当中，感觉越活越没什么意思。

事实上，生活中有很多东西都是相对的，在概念意义上，“我”和“物”是相对的。什么叫作“物”？简单而言，指的是一切外在的物质利益和诱惑。

例如，好车、好房子、高官和高职位等，这些就叫作“物”。我们应该如何去对待这些“物”呢？

古人讲“不以物喜，不以己悲”。只有明白了什么是“物”，才能明白什么是“我”，才能有对待外物的正确态度。

《庄子》当中有这样一个故事：

魏惠王，因为齐威王背叛了协约，就想去发兵攻打他。这时候，国相惠施想劝魏惠王，让他停息战争，于是就派了一个叫戴晋人的去劝止他。

戴晋人说：“君上，你见过蜗牛没有啊？”

魏惠王当时正在火气头上，心想：“我正要打仗呢，你跟我说什么蜗牛。”就生气地说：“有什么事快说，不要再啰唆了！”

戴晋人说：“据说在蜗牛的触角上，左边有一个国家叫触氏，右边有一个国家叫蛮氏。忽然有一天，两个国家的国王发生了矛盾，于是两个国家就展开了战争，伏尸百万，血流成河。”

魏惠王说：“什么乱七八糟的，简直是一派胡言！”

戴晋人说：“我并没有胡言乱语，我想请问大王，你说我们的宇宙到底有没有尽头呢？”

魏惠王心想：“这个问题还有点儿技术含量，宇宙肯定是没有尽头的。”

于是魏惠王便说：“浩浩荡荡没有穷尽。”

戴晋人说：“好，大王既然知道宇宙浩浩荡荡没有穷尽，那么你说从宇宙上来看我们生活的这片土地，是什么样子的呢？它必然是很渺小的。那么土地上的魏国是什么样子的呢？也必然是很渺小的。魏国的国都是什么样子的呢？是不是就更加渺小了？这国都里的国王是什么样的呢？只能是尘埃里的一颗颗粒了。那么国王您想打的这场仗呢？”

魏惠王说：“必然很渺小的了。”

戴晋人说：“国王，你觉得你打的这场仗的心思，和蜗牛角上这两个国家所打的仗有什么区别呢？”说完戴晋人拂袖而去。

魏惠王恍惚之间就觉得飘到了宇宙之上，俯身看去，觉得山河大地尽数微尘。

其实，庄子给我们的是一个什么样的启示呢？

庄子在其《庄子·逍遥游》中说：“北冥有鱼，其名为鲲。鲲之大，不知其几千里也。化而为鸟，其名为鹏。鹏之背，不知其几千里也。怒而长，其翼若垂天之云。”“水击三千里，抟扶摇而上者九万里。”

这其中究竟包含着怎样的智慧呢？ 人只有拥有了像大鹏鸟一样的高远之志，有了这样的超凡眼光，才可以看清非常渺小的东西，才能把世间的种种恩怨利益和取舍得失看透。

在《射雕英雄传》当中，郭靖曾经跟成吉思汗有过一段对话。成吉思汗征战天下，应该成为一代雄风霸主的时候，郭靖对他说：“大王，你南征北战，伏尸百万，雄兵万里，但是你死后的话，需要多大的一块地方呢？”成吉思汗一愣，用马鞭一指在地上画了个圈，说：“也就这么大一块地方吧。”

郭靖是生性憨直，非常率真的一个人，直接就问：“大王，照你这么说的话，你占领无边的疆土，建立无上的功业，又有什么意思呢？”

△ 鹰击天鹅图

成吉思汗听到他的话，忽然回想起来自己半世功业半生操劳，竟然被郭靖说得一文不值，胸口一闷一股鲜血涌上来，从马上跌下。其实，郭靖问到了一个关键性的问题——我们的生活到底是为了什么？

如果一切终将失去，一切终归虚无，那么我们还需要这样孜孜以求吗？

对待这个问题需要辩证的智慧。我有一个朋友事业干得特别好，他十几年前到北京来，从头开始做起，在北京拥有了好几个连锁的企业。他的学历不高，只有高中学历，到现在为止，手头有千万资产，算是干得相当不错了。

他说过这样的一句话：“我得到了一个最深刻的经验和教训，不管你拥有多少资产，创立了多少事业，一定要记住，你想真正把事业做大做强的话，千万不要拿这些身外之物太当回事。你太当回事了，你就真成不了大事。因为人生无常，市场经济变化的规律没有人可以预知，你今天可能是身家千万，明天你可能一文不名，但是记住一点，人可以失去所有的一切，但永远不会失去的只有自己。”

所以，不要把所拥有的东西太放在心上。今天拥有了就是拥有了，该做什么就去做，但是如果有一天没有了，你也要非常清楚地知道，你是否还能拥有一个真正的自我，是否能够永远不把自我再失掉。只有这样，我们才能够拥有取之不竭、用之不尽的宝库，才能够再一次让你的人生创造辉煌。

人情世态不要太认真

《菜根谭》告诉我们，对两件事情不要太认真。第一个，对于“我”的事情不要太认真，第二个，就是对“人情”不要太认真。

“人情世态疏忽万端，不宜认得太真。”也就是说世事变化无常，人情冷暖，你不能看得太认真。

说到人情，自古以来皆是如此。

战国时期的苏秦，当年游说秦王未成，把自己带的几百两黄金也花完了，貂皮衣服也破了，书箱子也旧了。他穿着破烂的鞋子，胡子拉碴、满脸漆黑地就回来了。回到家里的时候，家人看到他一副混得凄惨的样子，就出现了“妻不下纴，嫂不为炊，父母不与言”的局面。

他的媳妇看都不看他一眼，继续织着自己的布，嫂子根本不给他做饭吃，就当没有看见一样，他的父母连话都不跟他说。

苏秦看到这种情况，心想：“这究竟是什么原因呢？媳妇不拿我当丈夫，嫂子不拿我当小叔子，父母不拿我当儿子。”

从此以后，苏秦头悬梁锥刺骨发奋苦读，通过考试，获取官职。衣锦还乡，荣耀无比。这时候又是什么样的情况呢？

父母在几里地之外打扫街道迎接他；媳妇都不敢正眼看他，低眉垂手；嫂子在很远的地方趴着，像蛇似的连滚带爬地就过来了。

苏秦感慨不已，就问他嫂子："你怎么现在对我这么恭敬啊，你以前对我怎么那么倨傲呢？"

他嫂子回答得也特别实在，她说："以季子之位尊而多金。"意思就是：因为小叔子现在又有权又有钱。

人情往往就是这样，越是炙手可热的时候，就越有人蜂拥而至；越是门庭冷落的时候，就越有人落井下石。

当年孟尝君被罢相后，他门下的食客都如鸟兽散，所有的人都走了。孟尝君非常生气地感慨道："真是白养你们这么多年。"

冯谖说："你不要埋怨这些人，这是很正常的，就像赶集一样，人们大早上都往集市上跑，是因为那里有他需要的东西；晚上经过市场，瞅都不瞅一眼，是因为那里已经没有他需要的东西，这就叫作世道人心。"

既然是这样，我们就不要把人情这些东西看得太认真。

《菜根谭》当中有一副名联："宠辱不惊，闲看庭前花开花落；去留无意，漫随天上云卷云舒。"很多人都特别喜欢它，并且把它当作自己的座右铭。

什么叫宠辱不惊呢？老子在《道德经》中说："得之若惊，失之若惊，是谓宠辱若惊。"比如现在有的单位竞聘上岗，有人总是会患得患失、担心自己能不能当上处长。等到真正当上了处长，很高兴，很激动，得意忘形，受宠若惊，血压一下子升到了 180，血糖一下子四个加号。但是，三年之后，又下岗了。身体和精神一下子承受不住打击，几乎崩溃。这就叫作宠辱若惊。

◁ 闲看花开花落

宠辱不惊是什么意思呢？就是说无论职场得意，还是职场失意，都平静淡然，处变不惊，没有过多的震惊和波动。就像《庄子》中的一个故事：

泰山之神问孙叔敖："我看你三次被任命当县令，又三次被撤职，可是，从来也没有任何情绪上的变化，没见你不高兴，也没见你高兴，就好像什么事也没发生一样。原来我觉得，这简直是不可能的，可是你竟然做到了，这是怎么一回事呢？"

孙叔敖说："我没有什么过人之处。因为官职的到来，不是我可以预测的，官职的失去，也不是我可以阻拦的。如果这官落到我身上，就跟别人无关；如果这官落到别人身上，也跟我无关。既然都没有什么关系，我又有什么可喜的，又有什么可担忧的呢？"

若干年前，庄子就已经把得失荣辱、抉择去取，看得特别明白。

对于职场中人来说，要保持这样的一个状态：不管你在高点还是低点，不管是升职还是走人，把它当作人生必然的一些经历和状态。就像看待云卷云舒、花开花落一样，有一份从容，有一份平和，有一份自然。

要超越人生的束缚

我们对身外之物不能太认真，对人情冷暖、疏忽变化不能太认真。

那么我们对什么事情应该认真呢?

其实，很多时候，并不是对这些不认真，而是要超越它们，只有超越了这些外物，才能够控制它们，才能成为它们的主宰，才能做到饱谙世味。

当你已经看惯了这世道人情，就能够做到淡定自若，任何事情都不会惊扰你的情绪，都不会影响你的状态，所有的事情都会随风而去。

这时，无论别人是抬举你，还是贬斥你，或者是对你呼来喝去，都会没有什么感觉。

佛教认为很多东西都是虚幻的，我们不必过于执着于得失，执着于荣辱之间。但同时儒家的智慧是：对于人生，我们必须要真实面对，必须要一步一步、踏踏实实地走。

《菜根谭》中说："以幻迹言，无论功名富贵，即肢体亦属委形、以真境言，无论父母兄弟，皆吾一体。人能看得破，认得真，才可以任天下之负担，亦可脱世间之枷锁。"

如果一个人能够在一定程度上对世界虚幻有所领悟，他就能够超越自己。《金刚经》说："所见诸相非相。"无论做了多大的官，无论挣了多少的钱，无论你的家人多么爱你……这些都会最终离你而去。终究有一天，我们自己也会消失在这人海当中，化身为尘土。

从某种意义上来说，世界是虚幻的。但是，你不得不承认，它们又是真实存在的。每天推开家门，温暖的面庞和话语在等待着我们，香喷喷的饭菜和亲人的叮咛，都在我们的身边围绕。我们每天面对的事业，面对的春花秋月，都和我们一样，是真实存在的。

《菜根谭》说，我们要既能看得破，又要能认得真。只有如此，才可以摆脱世间种种不必要的缠绕和纠葛，也可以承担治国平天下的大任。

心安茅屋稳，性定菜根香

我们之前讲了很多职场的智慧，例如，如何从职场菜鸟变身为老鸟，如何掌握办公室的兵法以及职场关系学的原则，如何去面对压力并化它为动力，如何能够选择适合自己的定位，如何能够超越自己、提升自己，如何掌握忙闲的频率、调整身心，如何解脱自己，如何调整自己的职场的状态，等等。

无论怎样，我们最终都要达到一种境界：不要只看重结果，要去追求更多的东西，从追求的过程中体会到更多的东西。

但是，一定要记住，要做到这些是在看破的基础之上的，只有这样对于事业、对于家庭、对于情感既执着于此又超脱于此，才能够体会不一样的人生历程。

人生仿佛是一场旅程，我们会经历很多，收获很多，但是也会失去很多。我们需要认认真真、踏踏实实地做，只有完成了每一个过程，经历了所有的事情，不管结果怎样，才可以说“世事我曾抗争，成败不必在我”。

有这样一个经典的故事。

一个美国商人，坐在一个墨西哥的江边小村旁边休息，他看到一个渔夫收船归来，钓上了几条很大的黄鳍尾鱼。当时的黄鳍尾鱼比较贵重。商人就对这个墨西哥的渔夫恭维了一番，说：“你真厉害，能钓上来这么多黄鳍尾鱼，花了多长时间呢？”

渔夫说：“就用了几个小时，我就回来了。”

商人说：“那么你剩余的时间都干什么啊？”

渔夫说：“我每天睡到自然醒，出海打几条鱼，回来吃完饭睡个觉，再跟孩子们玩一玩，弹弹吉他唱唱歌，晚上我再到村子里头喝点儿小酒，我的日子过得可舒服啦。”

美国商人说：“我是哈佛大学管理学的硕士，我可以帮你策划一下。”

渔夫说：“怎么策划呢？”

商人说：“你每天可以多花点儿时间，多打点儿鱼呀。”

渔夫说：“我多打鱼用来做什么呢？”

商人说：“你打的鱼越多，你就可以把它卖给更多的人，就可以赚更多的钱。”

渔夫说：“我赚那么多钱干什么啊？”

商人说：“你赚了很多钱的话，就可以成立一个船队了，你就不是自己了，就可以成批量地往上打鱼，用机器来打鱼，这样就能捕到更多的鱼了。”

渔夫说：“捕那么多鱼干什么啊？”

商人说：“捕那么多的鱼，你将来就可以成立一个罐头加工厂，不用卖给别人了，建立了工厂之后，赚的钱就越来越多了，将来你的家人就能跟着你一起搬到美国，搬到洛杉矶，搬到纽约，不用住在这个小渔村中了。”

渔夫说：“我去那里干什么啊？”

商人讲到这里，自己都禁不住得意地哈哈大笑，他说：“你可真笨，你到了那之后的话，你的企业就能上市，你就可以什么都不用干，就看着人们买你的股票，然后大把大把地赚钱。”

渔夫都听蒙了，疑惑地说：“然后再干什么呢？”

商人说：“你就可以退休了，然后就可以到江边的一个小渔村里，睡到自然醒，想钓几条鱼就钓几条鱼，可以睡觉，可以跟孩子们玩，还可以喝点儿小酒弹弹吉他。”

渔夫说：“我现在不已经过上这样的生活了吗？”

对于这个故事，好多人都有不同的理解。我想说的是，虽然渔夫说的这种生活和商人给他设计的这种生活，表面上看来是一样的，但是其内在的实质，却有着很大的区别。

为什么呢？有一句话："绚烂至极归于平淡。"我觉得对于每一个即将展开职场人生的人来说，不管你是一个刚刚涉世的青年人，还是一个在职场当中沉浮了很长时间、略显疲惫的中年人，抑或是一个看惯了翻云覆雨职场的老年人，都有这样的一个问题：每一件事情，我们必得追求，必得经历，必得遭受，必得承担，有了这样的一个过程，最后才可以慢慢地心性淡定。

泰戈尔曾经说过："生如夏花之绚烂，死如秋叶之静美。"没有经过夏天的热情生长，绚烂怒放，就无法体会到秋天沉甸甸的收获的喜悦。到最后，也不会平静地叶落归根。

所以，表面上看起来，生活同样可以归于平淡，但是只有勇敢地追求过梦想、认真地追寻过自我，最后才能了无遗憾、平和喜乐地安放身心。这也正应了我们开头所说的那句话："如此这般，你才可以心安茅屋稳，性定菜根香，才可以更好地咀嚼生活的真滋味。"

图书在版编目（CIP）数据

有事常如无事时：霍明琨品读《菜根谭》/ 霍明琨著. —北京：中国工人出版社，2018.9

ISBN 978-7-5008-7013-5

Ⅰ.①有… Ⅱ.①霍… Ⅲ.①个人—修养—中国—明代 ②《菜根谭》—研究 Ⅳ.①B825

中国版本图书馆CIP数据核字（2018）第205690号

有事常如无事时：霍明琨品读《菜根谭》

出 版 人　王娇萍
责任编辑　葛忠雨
责任校对　董春娜
责任印制　黄　丽
出版发行　中国工人出版社
地　　址　北京市东城区鼓楼外大街45号　邮编：100120
网　　址　http://www.wp-china.com
电　　话　（010）62005043（总编室）　（010）62005039（出版物流部）
　　　　　（010）62379038（社科文艺分社）
发行热线　（010）62005049　（010）62005042（传真）
经　　销　各地书店
印　　刷　天津嘉恒印务有限公司
开　　本　710毫米×1000毫米　1/16
印　　张　14.25
字　　数　200千字
版　　次　2018年10月第1版　2018年10月第1次印刷
定　　价　38.00元